AliResearch
阿里研究院

互联网3.0
云脑物联网创造DT新世界

田丰　张骢◎等著

DT

Internet 3.0　DT

"Cloud Brain" Based IOT Creats
DT New World

U0257672

社会科学文献出版社
SOCIAL SCIENCES ACADEMIC PRESS (CHINA)

人类正在进入DT时代，共享经济和智能生活将不仅取决于看得见的手和看不见的手，更会受看不见的脑——无处不在的"云脑"的影响。

——阿里巴巴集团总裁 **金建杭**

DT经济，未来已至。互联网实现"泛在连接"，物联网实现"泛在感知"，云计算实现"泛在分析"，全球物联开采线下无比丰富的大数据"矿藏"，计算经济驱动的数据红利加速第一、第二、第三产业的转型升级，互联网正式升维到3.0，智能物联成为DT经济发展的推进器，是时代的机遇与挑战。

——阿里研究院院长 **高红冰**

万物互联，无疑是一件不亚于蒸汽机革命的大事。这件大事的要害在于，人与机器、机器与机器的连接，将催生未来世界全新的物种。这件大事，才刚刚开始。

——财讯传媒集团首席战略官、网络智酷总顾问 **段永朝**

欣然见到此书对物联网的独特分析，进而切入DT的发展与其可见市场，将以云计算为基础的物联网特性与相关应用完整导出，也和国际的第一个大数据标准ITU-T Big data - cloud computing based requirements and capabilities的精神不谋而合，内容大众化且可读性颇高。

——加拿大TCIC全球认证公司CEO **梁日诚**

阿里研究院在物联网、云计算、大数据方面的研究，在中国乃至世界范围内引领风骚。作者在这方面所做的科研努力，形成自身独特的写作风格，把那些本来很复杂难懂的技术内容，用通俗易懂的语言，让读者轻松了解到这个重要科技领域的发展情况。

——英国诺丁汉大学当代中国学院创建院长，经济学教授　**姚树洁**

物联网重新定义互联网，设备从"被动操控"到"主动服务"，终端从"互联"到"互懂"，数据从"感知"到"需求"，决策从"人工"到"智能"，一切皆来自于"云脑"驱动的智能物联网，DT经济的奇点就在我们身边，感兴趣的读者在本书中遇见未来。

——北京大学国家发展研究院教授　**薛兆丰**

在这个充满技术变革和技术推动下的商业变革年代，我们很多人迷茫，却步了；我们需要一些引领我们系统阅读和思考的好书。这本书清晰地描述了物联网的形态、技术、模式和生态，并且展望了物联网在中国和世界未来的发展趋势，是此领域的一本好书。

——长江商学院副教授　**张维宁**

构建于"云、网、端"之上的物联网对产业互联网构建、对未来智能社会与智慧生活的实现都有着重要意义，阿里巴巴正是利用了自身的丰富实践和深入思考为我们刻画出一条清晰路径，这在我国当前推动施行的"互联网+"行动的关键阶段具有很大的现实价值。

——北京大学新媒体营销传播研究中心研究员　**马旗戟**

"我们正在经历的这一次技术革命，是在释放人的大脑。未来三十年，整个变革会远远超过大家的想象。"

——马云

序　一

新一轮电子信息产业革命正在推动物联网、大数据、云计算等领域的产业大发展，物联网成为融合"云网端"三位一体的时代风口，"万物互联""物联网＋"将在未来五至十年成为电子信息产业升级的重点，让每一个物体具有"云脑"智能，让丰富的社会服务通过各类终端前置到人们的家中、办公室中。从而挖掘出以往被忽略的海量生活需求、生产需求，极大地刺激"大众创业、万众创新"，并通过无处不在的感知网将中国庞大的人口规模充分转化为需求规模与数据红利，在第三次工业革命中实现国家振兴、产业繁荣、百姓安居乐业。

我们应该清楚地看到物联网带来的挑战与努力的方向。中国科学院（以下简称"中科院"）院士、工业和信息化部（以下简称"工信部"）怀进鹏副部长曾指出，操作系统和芯片是中国信息产业的两朵云，在这两个方面需要更多的坚守和突破，才能够摆脱我国信息产业大而不强、"缺芯少魂"的局面。当前阿里巴巴研发的国产操作系统 YunOS，用户累计超过了 4000 万，已成为第三大移动操作系统，是全球智能手机厂商的主流选择。以 YunOS 为代表的移动操作系统的崛起，将大大提升我国核心技术领域的研发实力，在新一轮全球信息产业格局变动中，使中国在这方面的话语权不断加强。

构建全球领先的成熟物联网产业服务能力，是普适科技创新的核心基础。鼓励中国有实力的科技企业建设物联云创新平台、运营物联网产业联盟是激活中国 DT 经济快速创新的"开关"。例如，"A+ 阿里智能联盟"就是一个十分好的科技创新生态圈。它以技术创新、推广合作为基础，有效整合产、学、研、用等全方位社会资源，充分发挥联盟成员企业各自优势，通过研发及推广协同形成统一的增量市场，加速推动物联网、大数据、云计算相关技术、产品的应用普及，提高我国智能生活产业的整体发展水平，高效快速完成家电企业的转型升级、业务推陈出新。

据工信部预测，到 2020 年，物联网产业规模将超过 1 万亿元。我国物联网研究起步较早，技术处于世界领先水平，已经跻身国际行业标准的主导者行列。如何保持科技先发优势、推动物联网产业形成规模效应，把创新成果孵化成商业模式与社会价值，是下一阶段政府大力扶持产业生态纵向延伸、横向扩展的工作重点。互联网 3.0 时代的大幕已经拉开，创新力与执行力是每一位政府管理者、企业 CEO、DT 创客面临的挑战与机遇，智能物联产业必将成为推动 DT 社会新经济健康发展的革命性力量。

习石京

2015 年 12 月 21 日

序 二

2015 年，全世界各个领域都在对 IoT 跃跃欲试。无论是互联网企业，还是工业领域、个人消费品领域，芯片公司、创业团队，甚至包括各个国家的基础设施，几乎每个领域都把"互联网＋""物联网"视为未来的重要发展方向。物联网让每一台机器都拥有云计算能力，数据所创造的力量会远远超过今天的想象力。人类将变得更加强大，可操控的领域将更为丰富。世界也将更为透明，更有效率。整个社会的生产组织方式也会随之发生新的变化。

但是，今天整个中国乃至世界的物联网行业，还处于很初级的发展阶段。传统通信能力尚未适应信息更为零碎、数据传输更为频繁的智能硬件，智能硬件的处理器在计算能力和成本之间尚未找到最适当的平衡，无线智能终端存在的功耗问题，产业中不同角色之间如何形成完整生态的协作问题，消费者对物联网的认知问题……这一系列问题构成了物联网今天的现状。物联网的发展一定不是某一个点的突破，而是整个产业链中每一个环节，从思路、技术到服务的共同进步所带来的巨大突破。

在这种时代背景下，阿里智能得到了令人欣喜的发展。不断增长的用户对智能硬件的使用反馈数据，让我们发现用户对智能硬件的容错度和接受度远远超乎想象；在音频、厨房、空气等领域，逐渐形成了完整的行业解决方案。企业与企业之间逐渐建立的合作关系，也表明物联网从业者对于自身能力与优势的深刻理解。我们在产业中能扮演什么样的生态角色，战略思路逐渐从盲目变得清晰。

物联网的发展，会让人们在更深的层面把握时间与空间；也会让人类所接触的每一台机器更加了解它所服务的对象。物联网的突破，会大大提升社会对于弱势群体的包容力。这恰是社会进步的最佳表现。物联网，会帮助人类更加合理高效地使用地球资源，造福子孙后代。越来越多的人将会因为物联网的到来而向他想要的生活迈近一步。也许，这才是我们在此努力的原因。为了更大限度地包容一个人的缺点，更大程度地帮助人们走出物理局限所造成的困境，为了让更多的人能更"任性"地活着，我们来了！

阿里智能事业部总经理　浅雪

2015 年 11 月 28 日雨夜

序　三

当下是谈论物联网的现状和未来的一个有趣且恰当的时点。信息技术的发展已经使得互联网不再局限于打造线上的虚拟空间，而是把互联网下沉为如水电煤一般的基础设施，润物细无声地潜入万事万物之中，并赋予它们互相联通的能力。这些相连万物所构建的物联网会以什么样的形式改变你我，乃至整个人类社会呢？

本书给我们梳理了一个很清晰的路径：物联网正成为数据上行、服务下行的连接，打通的是由人、物、环境组成的"原子世界"和由软件、数据、算法组成的"比特世界"。这一切在这个时点上开始打通，很重要的基础是：物联设备所依赖的"云网端"关键要素成本快速下降、性能极大提升。由此所催生的无论是微电子技术迭代，还是传统家电的变革都使得互联网重构世界的梦想走进现实。

不仅如此，对于未来，本书在翔实数据和例证的基础上升华出了一条确定轨迹：以物联网为基础的感知、连接能力和以DT（Data Technology）时代大数据为基础的新型智能，将使原本的资产——穿戴物、家庭电器、住房、交通工具等变成"活物"。我们姑且将这类可以被称为"活物"的资产称为"智能资产"。一方面，智能资产可以灵活地按照每个人的需求，提供最个性化的服务；另一方面，智能资产自身将成为自动实现信息收集和意见输出的独立个体。我想，无数个这样的个体相连，将使物联网在不属于任何人的同时又随时可为任何人使用。届时，一方面，人类将不再追求任何工具的拥有，因为共享会获得比拥有更好的服务，如未来人们共享公共的无人驾驶汽车出行。另一方面，服务和资产将会以打包的形式提供给消费者，如物联网冰箱不仅仅提供储藏食物的功能，更重要的是给用户提供合理膳食的建议。社会则最终演进为使用权替代所有权，服务替代资产。

但未来也充满不确定性。从书中对MEMS传感器的剖析和对虚拟现实硬件、内容生态发展的介绍中，我们看到人工智能的指数级发展和以虚拟现实为代表的新一代内容消费模式即将出现。这些都意味着技术将带来的迫在眉睫的产业爆发。

在确定的物联网发展趋势和不确定的技术爆发下，我们正在进入一个快速回归本质的时代。一个商业模式的成功，在于能够真正提升社会的效率和改变社会的原有组织结构。在这一点上，阿里巴巴无疑卓有成效：不管是成体系的智能物联解决方案，还是打通软硬件的"云芯片＋YunOS＋个人助理"三位一体模式，均赋予了合作伙伴快速搭建"硬件＋APP＋云"的生态服务能力；针对工业物联领域的"IoT套件"形成了对不同行业组织结构的再造。阿里巴巴在好的出发点之上，经过对技术的不间断打磨和对用户需求的持续跟踪，最终有望实现对现代商业文明的重塑。

最后，感谢阿里研究院的同仁和华泰证券研究所的同事，你们在本书中的潜心研究和扎实工作，使得物联网和物联网背后的数据、智能图景愈发清晰，使本书成为这个变革时代的物联网从业者、投资方不可多得可学习的"干货"。

华泰证券研究部董事总经理　王禹媚

2015 年 12 月 23 日

要点精编

- PC 互联网是"互联网 1.0",用"搜索引擎"解决信息不对称;移动互联网是"互联网 2.0",用共享服务 APP 解决"效率不对称";物联网是"互联网 3.0",用"云脑"解决"智慧不对称"。

- 物联终端是打通原子世界与比特世界的虫洞,数据上行,服务下行,数据算法高效调配全局实体资源。

- 2022 年有 500 亿设备相连(2014 年底仅有 22 亿设备相连),按照梅特卡夫定律,自动服务网的价值与其中智能设备节点数量的平方数成正比,呈指数级增长,因此 5 年后全球 IoT 自动服务网的总体价值是现在的 517 倍。

- "万物互联"后的下一个挑战是"万物控制",将凯文·凯利的"蜂巢"理论延伸,如果每一个智能设备是一个低智能的"蜜蜂",而大量设备组成的自动服务网则是"蜂巢"。未来如"养蜂人"一样，我们操控的绝不是一只"蜜蜂"（智能设备），而是整个"物联蜂巢"。唯有自动服务网实现基于数据的智能设备微观自管理，有限的人类管理员才能在宏观上驾驭近乎无限增长的物联设备生态圈。

— 物联网的本质是"云脑"驱动的"自动服务网"。由数据算法驱动，具有自学习、自管理、自修复能力的"云脑"（机器智能），通过自适应、自组织、自协同的物联终端，为每一个人主动、无感、精准提供"所需即所得"的最优个性化服务。

— 物联网诞生超过 20 年，但直到最近 5 年，云计算、大数据、4G 网络、低价传感器、千元智能机的普及，才激活了消费级物联网产业，使物联网走向普及应用并向农业、工业领域迅速渗透。

— 物联网中，人人都是网民，物物都是服务，数据就是需求。智能物联的理想状态，是在不需要（或仅需少量）人工干预的情况下，由"自动服务网"主动感知需求、实时分析匹配、自动提供恰到好处的服务。

— 物联网融合通信创新（互联网）、能源创新（可再生能源）、交通创新（智能汽车），引领"第三次工业革命"；物联网推动"数字宇宙"加速膨胀，将大众线下潜在需求数据显性化，以"1∶9原则"引爆"DT新经济"，重构所有行业。

– 物联网构建新型"云网端"模型：全世界只需要一台计算机"超级云脑"，处理天地间所有事务。物联网天然生长在云端，因特网上的"物物交谈"超越人与人之间的交流。万物互联，机器学习，数据驱动，让人、物、环境相通、互懂。

– 与互联网、移动互联网的前两次变革一样，物联网作为一种新科技会激活全球市场的增量需求，并对5种力量（波特五力）产生巨大影响，尤其是对制造业的影响最大。单个产品型企业无法与生态级对手竞争，必然进化为平台型企业或伙伴型企业，获得生态竞争力，享有"生态红利"，产业竞争边界相应从企业延展至生态圈。

– 微电子技术是一切应用创新的根源，基于专用芯片的服务是物联网时代的核心。作为物联网触角的传感器无所不在，这催生了对传感器的四个要求：低成本、微型化、智能化、网络化。而最能满足以上要求的MEMS传感器也自然成为物联网时代传感器的发展趋势。

– 传统家电增长承压，智能家电呈现"内容 + 平台 + 终端"增值服务产业模式。智能穿戴产品将成为人体自身连入物联网的最佳选择，但目前还缺少杀手级应用。

－ 虚拟现实以沉浸感、交互性、想象力为核心，由主机、系统、应用、内容构成产业链，目前产品有待跨越"鸿沟"。2016~2017年全球VR产业小爆发，未来将成为手机、电脑替代性人机界面，消费级市场、企业级市场应用空间巨大。

－ 全球无人机市场以军用为主导，民用为补充，主要制造商集中在美国、以色列、欧洲、中国，未来5~10年将迎来无人机产业化浪潮。

－ 智能汽车成为车联网的硬件入口、数据入口、服务入口，汽车互联化、自动化成为大趋势。

－ 服务机器人定位于服务，具备感知、运动、思考三个人体功能，智能化是最大的特征，可按照软件形态机器人、物理形态机器人分类，也可按照个人/家用服务机器人、专业服务机器人分类，未来机器人将无处不在。

－ 未来20年中，全球出现人工智能产业化浪潮，由算法、机器部分承担医生、律师、记者、投资顾问、老师、科学家、营养师、客户服务、私人秘书等白领职业工作，"个人助理＋""专业助理＋"成为发展趋势，通过硬件和软件来帮助人们更有效地完成工作。

－ 阿里巴巴智能物联业务历经产品期、平台期、生态期三个阶段，由"智能生活"、"智能交通"、"物联基础设施"和"物联营销＆渠道"四大模块组成，智能设备按照"连接"、"驱动"、"互通"和"互懂"路线进化。

－ 阿里巴巴以"云芯片＋YunOS＋个人助理"三位一体模式（Chip＋OS＋AI）赋能合作伙伴，在手机、可穿戴设备、智能家居、智能汽车、智能工厂等领域，构筑"硬件＋APP＋云"生活服务生态体系；而在工业物联领域，采用"IoT套件"适配支撑不同行业解决方案。

－ 阿里巴巴"智能生活"，依托"内容＋云＋通信模组＋智能硬件＋APP"生态组合，深入研发智能厨电、智能健康、智能音频、智能空气、智能家居安防、智能路由解决方案，帮助传统家电企业智能化升级。

－"淘宝众筹"采用"众筹3.0"模式，认真对待每一个梦想，日均成交额位列中国第一，项目成功率高达88.5%，为中国创客"雪中送炭"，领跑"中国创新"。

- 淘宝销售数据显示，2015是"中国智能元年"，平板电视、空调、冰箱、电饭煲、空气净化器、净水器等智能设备销量涨幅超过20%。购买用户多集中于沿海一线城市，男性偏多，有家庭的用户更热衷，"定时功能"使用率最高。

- 阿里巴巴"智能交通"在交通云、高德地图基础上，通过YunOS赋能产业，创新研发前装整车、后装智能化产品，整合淘宝汽车、天猫汽车、淘宝拍卖会、阿里妈妈构筑电商营销与渠道，基于车联网运营移动"第三空间"。

- 万物智能化存在、物联网基础设施、泛在感知网、自动化决策、信用化共享经济、人机接口感官化、物联数据标准、人工智能专业应用成为未来二十年变革趋势。

目录

CONTENTS

1 重新定义互联网 ／ 001

1.1 云脑物联网 ／ 004

1.1.1 物联网是"互联网3.0" ／ 004

1.1.2 物联网的由来 ／ 006

1.1.3 物联网是"自动服务网" ／ 008

1.2 DT新经济 ／ 016

1.2.1 IoT引领"第三次工业革命" ／ 017

1.2.2 IoT引爆"DT新经济" ／ 019

1.2.3 IoT变革"DT产业格局" ／ 023

CONTENTS

2　全球物联网产业 ／ 031

2.1　微电子技术：一切应用创新的根源 ／ 033

2.2　机器感知：天然认知世界 ／ 037

2.3　通信技术：IoT 商用的催化剂 ／ 040

2.4　物联网操作系统：全球产业升级的制高点 ／ 045

2.5　智能家电：智能化升级空间巨大 ／ 047

2.6　智能可穿戴：亟待杀手级应用出现 ／ 056

2.7　虚拟现实：下一代人机交互界面 ／ 063

2.8　无人机："军转民"技术红利 ／ 077

2.9　智能汽车："门到门"生活服务入口 ／ 084

2.10　服务机器人：从交互到思考的高科技载体 ／ 089

2.11　人工智能：用计算代替思考 ／ 095

目录

CONTENTS

3　阿里巴巴智能物联 ／ 103

3.1　YunOS：驱动万物，连接智能 ／ 112

　　3.1.1　YunOS 生态：智能 IoT 操作系统成为

　　　　　基础设施 ／ 112

　　3.1.2　YunOS：智能端 + 云服务 ／ 114

　　3.1.3　云芯片 YoC：OS+Chip ／ 118

　　3.1.4　"个人助理 +"：专属智能机器人 ／ 122

　　3.1.5　阿里物联云：云端套件 ／ 128

3.2　智能生活："硅蜂巢" ／ 133

　　3.2.1　智能厨电：美食所见即所得 ／ 137

　　3.2.2　智能健康：你的专属"健康顾问" ／ 144

　　3.2.3　智能音频：将全网音乐搬回家 ／ 148

　　3.2.4　智能空气：主动呵护家人的健康 ／ 152

目录

CONTENTS

3.2.5　智能家居安防：安心居家，放心出门 ／ 160

3.2.6　智能路由：为智能家居打造的网络中心 ／ 166

3.2.7　淘宝众筹：认真对待每一个梦想 ／ 174

3.2.8　智能市场分析：2015 中国智能元年 ／ 184

3.3　智能交通：移动"第三空间" ／ 191

3.3.1　阿里交通云：云端一体化 ／ 192

3.3.2　高德地图：车联网的"运动中枢" ／ 196

3.3.3　互联网汽车：无人驾驶是终局 ／ 212

3.3.4　汽车电商：阿里车生活 ／ 225

4　物联未来 ／ 231

参考文献 ／ 239

后　　记 ／ 243

创作团队 ／ 247

1

重新定义互联网

2015年云栖大会提出
"计算经济"概念　计算经济出现　2015　中国"十三五"提出"互联网+"、
"制造强国"、"健康中国"

2014　智能硬件元年　Google 32亿收购NEST，
引爆智能家居；Apple
iWatch发布

2011年阿里云官网
成功上线，小米发布　中国云千元　2011
千元智能机　智能机

2010年全球运营商
建设4G，30亿台　4G网元年　2010
Wi-Fi联网

2009　IoT被正式列为中国五大新
兴战略性产业之一

2007年iPhone一代
发布，移动互联网　智能机元年　2007
兴起

2006年美国云计算
服务商用　云计算元年　2006

2005　《ITU互联网报告2005：物联网》，
引用了"物联网"的概念

1999　MIT建立了"Auto-ID"，提出
"万物皆可通过网络互联"，
阐明IoT的基本含义。

1995　比尔·盖茨在《未来之路》一书
中提及IoT，但未引起广泛重视

1991　MIT的Kevin Ashton
教授首次提出IoT的概念

物联网发展历程

1.1　云脑物联网

1.1.1　物联网是"互联网 3.0"

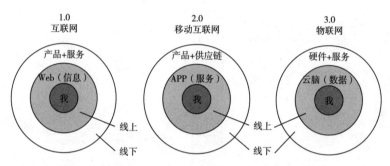

图 1　互联网 1.0、互联网 2.0、互联网 3.0 对比

资料来源：阿里研究院。

　　互联网 1.0 时代，人们因为线下的"信息不对称"，通过 PC 查找网上信息，大量的信息通过门户网站、论坛实现在线化输入、存储、展示，产品与服务仍在线下，后来产生了"信息盈余"，找到精准信息的难度与需求加大，"搜索引擎"成为大众核心工具。这个时代，市场竞争的焦点是品牌，得品牌者，得天下。

　　互联网 2.0 时代，即"移动互联网"时代，人们因为线下的"效率不对称"，通过手机安装各种 App 应用软件，产品与供应链仍在线下，大量 O2O 服务被开发出来，产生了"服务盈余"，找到最优服务的难度与需求增大，"共享经济"服务平台成为主流。这个时代，市场竞争的焦点是互动，谁的互动式服务做得好，谁就能掌握市场的主动权。

互联网3.0时代，即"物联网"时代，人们面对碎片化的市场需求、浩瀚的数据资源、极快的商业节奏，呈现"智慧不对称"（人与人、人与算法），通过跨终端的"云脑"（个人助理和专业助理）提供快速、精准、专属的数据分析、决策支持、备选方案，而所有硬件、服务都已联网，面向全网数据的人工智能算法控制的"云脑"成为每个人不可或缺的外脑。这个时代，市场竞争的焦点是信任，谁让顾客觉得善解人意，谁就让

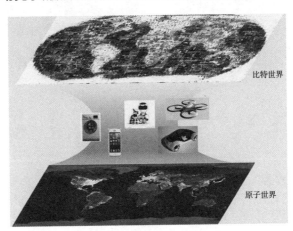

图 2　物联网成为构建镜像平行世界的虫洞

资料来源：阿里研究院。

顾客产生了永久性的信任与依赖，谁就能获得持续而稳定的业务流。而业务流恰恰是决定企业生与死的关键。

在物联网中，人、物、环境组成了"原子世界"（Physicalspace），数据、软件、算法组成了"比特世界"（Cyberspace）。这两个世界是平行的。每一个智能终端（设备、传感器等）都成为打通"镜像平行世界"的微小"虫洞"，让两个世界的数据流动更快、行为互动更频繁、全局影响更深远。未来的"云脑"在互联网上，而"感官"在物联网中，智能终端也会通过"植入"方式成为人类的扩展器官，帮助人类感知两个平行世界的变化。数据的流动促进物资流动、人类流动、环境变化。而这一切活动又会反过来形成大数据、决策模型与算法策略。伴随物联网的全球普及，平行世界的融合将会持续加速，最终成为一体化的"镜像世界"。

1.1.2　物联网的由来

"物联网"[①] 并不是一个崭新概念。早在 1990 年，全球第一台物联终端"网络可乐贩售机"[②] 就由施乐公司发明出来；

---

① 物联网：又名"IoT"，Internet of Things。
② Networked Coke Machine。

1991 年，美国麻省理工学院（MIT）的 Kevin Ashton 教授首次提出"物联网"概念；此后的 20 年中被 MIT 实验室、比尔·盖茨等多次提及与预测，但在产业界却一直未能全面推广，直到最近 5 年全球消费市场与工业产业才呈现出突飞猛进的商业化物联网浪潮。物联网全面走向应用的时代已经到来，以"云脑"为核心的智能物联网正在快速融入社会经济生活的各个领域，在改造人类生活的同时，也颠覆着人们头脑中已经形成的各种观念，也许就在未来不远的一天，当你一觉醒来，猛然发现，我们生活的世界已经变得和以前大不一样，我们周围的一切都变得"聪明"起来，不但让人觉得便利、舒适，更让人感到贴心、温馨，这就是物联网产生的奇迹。

物联网正在创造奇迹的根本原因在于物联设备所依赖的"云网端"关键要素成本快速下降、性能提升，让物联网产品以大众消费品价格走入千家万户，让每一个人都能买得起、用得起、享受科技带来的便捷。那些过去人们想都不敢想的科技福利，如今却变成了现实，引发了物联网爆发式成长，推动了商业产品持续创新、迭代进化。

（1）云：2006 年至 2010 年间，AWS、Google、阿里云

研发并分享云计算服务，使云服务成为大众公共的普适、普惠计算资源。

（2）网：4G 网络自 2010 年开始在全球普及，30 亿台设备利用 Wi-Fi 联网。

（3）端：2007 年，苹果发布 iPhone 一代，标志着全球进入"智能机"时代，到 2011 年小米等品牌的"千元智能机"迅速普及。

在 2014 年，伴随 Google 以 32 亿美元天价收购 NEST，日趋便宜的充沛公共计算资源，推动了 IoT 设备在智能家居领域迅速"井喷"，并向智能交通、智慧城市、智慧工厂等领域发展演进。

1.1.3　物联网是"自动服务网"

物联网的本质是"云脑"驱动的"自动服务网"。由数据算法驱动，具有自学习、自管理、自修复能力的"云脑"（机器智能），通过自适应、自组织、自协同的物联终端，为每一个人主动、无感、精准提供"所需即所得"的最优个性化服务。

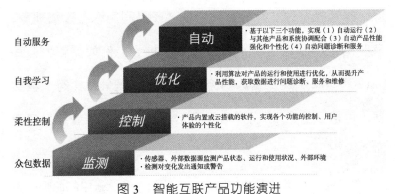

图3　智能互联产品功能演进

资料来源：哈佛商业评论，《迈克尔·波特：揭秘未来竞争战略》。

2015 年，迈克尔·波特在哈佛商业评论《揭秘未来竞争战略》研究报告中，提出智能物联产品具有监测、控制、优化、自动四类功能，每类功能都以前一类功能为基础进化而来，并为下一阶段的功能打下基础，每一款物联产品都将逐步从数据监测、柔性控制的基础能力，向自我学习、自动服务的高阶能力演变。

1）监测：来自于设备使用者的众包数据是一切产品功能改良的基础，在产品设计环节减少过度开发投入，分析使用模式，进行客户分类、市场分层，在售后服务中准确诊断定位故障部件，提高首次修复率，减少现场维修工作量与频度，并预先发现"产能饱和"或"产品利用率"过高现象，及时满足市场新需求，开拓新商业机会。例如美敦力公司（Medtronic）通过糖尿病患者皮下传感器分析实时血糖数据，可最多提前 30 分钟发出危险警告，提醒患者接受最及时的治疗。

2）控制：用户通过产品内置、手机 APP、云中的命令与算法等多种方式进行远程控制，这是为了让使用体验更加柔性灵活，而不是增加操作复杂性，智能的参数设置、条件判定会减少用户操作量，通过简化操控实现柔性控制。例如当地下车库流量飙升时，自动打开车位紧张的指示灯，又如 Doorbot 门禁系统扫描访客后将图像传给用户智能手机，远距离控制房门电子锁开关。

3）优化：持续积累的丰富历史数据，经过人工、半人工分析后，能够为物联设备植入优化算法，并对比实时数据随时自动调整使用参数，大幅提高产出比、利用率等生产效率。例如风力发电涡轮中内置的微型控制器，会自动调整每一次旋转中的扇叶角度，最大限度获取风能，而且通过控制每台涡轮，减少对邻近涡轮的影响，实现风场区域的能效最大化。

4）自动：监测、控制、优化能够持续改进自动化程度，不仅减少了智能设备对人工操作依赖性，更为偏远地区、危险地区提供远程作业手段，提升操作员生命安全性。另外，海量的智能设备互联，将依靠云计算形成自动协同的服务网，避免人工操作瓶颈与失控风险出现。例如智能电表的入网普及，会持续提升国家电网能效，发电厂根据各地区用户的用电习惯，联动调整、优化发电能力。

Intel预测2020年有500亿设备相连，"万物互联"后的下一个挑战是"万物控制"，将凯文·凯利的"蜂巢"理论延伸，如果每一个智能设备是一个低智能的"蜜蜂"，而大量设备组成的自动服务网则是"蜂巢"，未来如"养蜂人"一样，我们操控的绝不是一只"蜜蜂"（智能设备），而是整个"物联蜂巢"，唯有依托貌似"失控"的自动服务网，实现基于数据的智能设备微观自管理，有限的人类管理员才能在宏观上驾驭近乎无限增长的物联设备生态圈。

（1）泛在连接：人人都是网民。世界经济论坛预测，2022年，将有1万亿个传感器接入互联网，衣食住行的方方

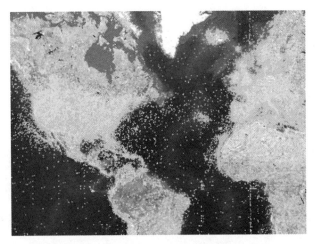

图4　2022年一万亿个互联网传感器遍布全球

资料来源：世界经济论坛，《深度变革：技术引爆点和社会影响》研究报告，2015。

面面都会联网，每个设备都能与基础设施相连，通过家居、办公室、汽车、商场、餐馆等场所内无处不在的传感器、各类智能终端，全球每个人都永续在线，例如家中放置的一个智能音响即可让全家人联网，智能汽车让所有乘客联网，智能楼宇的触摸屏让所有来访者联网，贴身穿戴的智能衣服、智能首饰、智能鞋、VR眼镜、虹膜眼镜让人联网零距离。物联网的联网方式彻底更新了人们已有的上网概念。从"上网"到"触网"再到被网络全面包围，物联网实现了人与互联网关系的新跨越。

（2）泛在服务：物物都是服务。计算机大师 Allen Kay 提出："真正认真对待软件的人，应该制造他们自己的硬件。"[①] 丰富多彩的线上线下服务内容前置于物联终端，商品与服务密不可分，例如智能厨电成为美食服务入口，智能冰箱成为冷链电商服务入口，智能音响成为音乐服务入口，智能机器人成为综合服务入口，"万物即服务"（TaaS[②]）成为普遍现象。物联网使消费者在购买了产品的同时，还享受到了来自厂商的智能化服务。产品与服务融为一体，这在过去是无法想象的，而今一步一步变成了现实。厂商的市场竞争由过去的以产品为核心转变为以智能化服务为核心。这必将从经营方式和管理方式上，引发一场企业界深刻的产业革命，使企业的经营理念得到全面更新和扩展。

（3）泛在需求：数据都是需求，无处不在分析。在 TaaS 基础上，传感器收集到的个人行为数据，让"云脑"全天候分析，实时了解你的所有需求，并驱动全部智能家电、智能汽车，将越来越多的"手动服务"转变为专属于你的个性化"自动服务"，智能空调会在你进入家门前 5 分钟将室内温湿度调

[①] Allen Kay："People who are really serious about software should make their own hardware."

[②] Thing as a Service，简称 TaaS。

节至最舒适环境，智能空气净化器会根据城市气象预报、室内空气测量结果自动开启净化功能，智能扫地机器人会通过摄像头主动寻找、清扫灰尘、污渍，智能汽车会根据你的行为数据分析，播放你最喜欢的音乐、途经热门商店（或促销商品）甚至猜出你的目的地。Gartner 在《2015 年十大战略性 IT 趋势》中分析，更深层次地植入技术将为世界各地的用户创造"接触点"，形成数字业务的基础，伴随嵌入式物联设备的发展，大量结构化、非结构化数据产生，高级、渗透型、隐形分析学出现，每一个应用程序都必须是一个分析性应用，从大数据中发现大问题与大答案。物联网走进生活揭开了个性化消费这座神秘冰山的一角，探测到了消费者潜在个性消费能力的富矿。这是以标准化生产为特征的传统工业及其生活方式无法做到的。物联网将会引发个性消费能量的持久释放，带动的是供给侧产业的全面升级，也为实现经济持续稳定增长提供了新的动力。

智能物联的理想状态，是在不需要（或少量）人工干预的情况下，由"自动服务网"主动感知需求、实时分析匹配、自动提供恰到好处的服务。如图 5 所示，当用户（人）的身体、行为、位置、情绪发生任何变化时，无处不在的物联网传感器

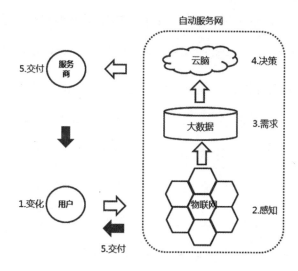

图 5　自动服务网

资料来源：阿里研究院。

立刻就会感知到，并且在物联云上汇总"全息数据"，像拼图一样分析判断出用户的实际需求（或潜在需求，甚至预测短期需求），由算法、模型组成的"云脑"（虚拟个人管家 [①] ）挑选最优服务商、主动匹配供需，或指挥物联网智能终端（或机器人）开启指定功能满足用户个性化需求，或自动派单给第二方 / 第三方服务商，由最佳服务商提供上门服务，服务费用自动或半自动缴纳。自动服务网在全球高速网络上实现数据传输与处理，

———

① 又被称为 VPA，Virtual Private Assistant，或称 SDR，Software Defined Robot。

只有部分线下服务交付需要时间，数据的流动速度决定服务周期，使人类需求的即时决策、即时选购、即时满足成为可能。

依靠智能设备对用户数据的采集分析，传统制造商获得与零售商、服务商同等的地位，向增值服务商转型。例如网球拍生产商 Babolat，在球拍中内置传感器，数据反馈至手机，并提出发球改善建议，成为专业运动服务商；照明公司 Gooee，基于智能电灯感应火灾、非法闯入等警报事件，转型成为家庭安保业务服务商；农业设备制造商 John Deere 生产的智能农业机器，接收天气和土壤条件数据，为农民提供何时何地播种耕作的决定，通过农业咨询服务帮助土地产出最大化。

1.2 DT 新经济

Intel 预测 2020 年全球有 500 亿设备相连，而 2014 年底仅有 22 亿设备相连，按照梅特卡夫定律，物联网的价值与其中智能设备节点数量的平方数成正比，呈指数级增长，因此 5 年后全球物联网的总体价值将是现在的 517 倍。

1.2.1　IoT 引领"第三次工业革命"

美国经济学家杰里米·里夫金 [①] 提出"通信""能源""交通"的创新直接推动了人类三次工业革命，改变了整个世界：

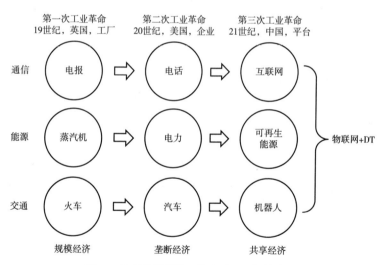

图 6　物联网引领"第三次工业革命"

资料来源：杰里米·里夫金，阿里研究院。

[①] 杰里米·里夫金（Jeremy Rifkin），美国经济学家、华盛顿特区经济趋势基金会总裁，"共享经济""第三次工业革命"的提出者，曾担任欧盟委员会主席罗曼·普罗迪的顾问，著有《第三次工业革命》《工作的终结》《生物技术的世纪》《路径时代》。

- 第一次工业革命：19世纪，电报[①]、蒸汽机、火车的发明，解放了人的体力，催生了以"工厂"为社会核心生产力的第一次工业文明，特点是"规模经济"（工业化大生产），英帝国崛起。

- 第二次工业革命：20世纪，电话、电力、汽车的发明，让人走得更远，孕育出以"企业"为社会核心生产力的第二次工业文明，特点是"垄断经济"（世界500强等托拉斯企业产生），美国成为世界霸主。

- 第三次工业革命：21世纪，互联网、可再生能源、机器人[②]的发明，解放了人的大脑，催生了以"平台"为社会核心生产力的第三次工业文明，特点是共享经济（BAT和"独角兽"平台），中国有机会成为全球领导者。

物联网本身即一种通信创新，已经覆盖了交通创新的车联网、无人驾驶汽车等产品，而今能源依托物联网也在提高创新速度，在DT时代，基于云端数据智能的物联网将引领第三次工业革命，让社会经济的方方面面得到彻底改观。

---

① 电报于1838年由美国人莫尔斯发明。
② 无人驾驶汽车可被视为高机动性的机器人。

1.2.2　IoT 引爆"DT 新经济"

IDC《2020 数字宇宙》研究数据显示，人类在 69 年的"IT时代"[①]，全球共产生了不到 1ZB[②] 的数据，而伴随互联网，尤其是移动互联网的普及，全球数据在 2010 年进入"ZB 空间"，人类正式进入"DT 时代"。在 DT 时代的头十年，全球即产生44 倍于 IT 时代的庞大数据量，如果将 2015 年看作"智能物联元年"的话，则发现物联网让"数字宇宙"加速膨胀，数据像

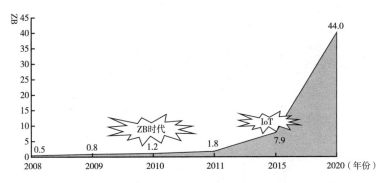

图 7　物联网推动"数字宇宙"加速膨胀

资料来源：IDC《2020 数字宇宙》研究报告，阿里研究院。

---

① 以 1946 年冯·诺依曼发明第一台计算机作为起点。

② 1ZB＝1 万亿 GB。

"滚雪球"一样百川入海。据研究机构预测，2020 年，全球将有 40 亿网民，使用 2500 万个 APP，250 亿个嵌入式智能系统，产生 35ZB 至 50ZB 的海量数据，创造出 4 万亿美元的全球市场机遇。

"数字宇宙"加速膨胀意味着，大数据已经渗透到社会生活的各个领域，并已经进入实实在在的普及应用阶段。形形色色的数据为人类打开了认识世界、了解社会的"天目"，人们通过这个"天目"可以看到我们曾经习以为常的世界鲜为人知的

图 8 　"DT 经济"隐藏的巨大的"全息需求"

资料来源：阿里研究院。

另一面。"数字宇宙"构筑的这个神秘的世界，会带给人们更多的发现和机遇。

物联网正在重新定义DT时代的生活方式、工作方式。线下尚未被数据化的市场隐藏着大量用户的个性化需求，如"冰山"一样巨大的"全息需求"值得开发。传统互联网，通过各种科技手段只能发现、收集人们的线上数据，即全球32亿网民[①]（约占全球总人口的44%）上网行为产生的7.9ZB数据量，通过分析、利用数据资源，创造出价值可观的互联网商业产值。然而，即使在全球最发达的国家，目前互联网经济占比仍不到GDP的10%[②]。

物联网通过丰富的智能"触点"，纳入全球不能上网的40亿人口（约占全球总人口的66%），产生了无法估量而富有商业价值的数据，撬动起创造全球剩余90%的GDP产业。伴随物联网技术在各国服务业、工业、农业的深入普及，产业重构、业务创新、业务增值成为未来20年的主题，物联网触发"DT经济大爆炸"，"1：9原则"促进产业转型升级。

---

① 网民数据来自国际电信联盟（ITU）。
② 麦肯锡全球研究院（MGI）研究。

例如，智能家电帮助电商服务业进入千家万户，打穿了O2O市场与百姓生活的最后壁垒，智能电饭煲按照"云食谱"一键采买符合你口味的食材；智能汽车帮助汽车服务业"零距离"对接你的爱车，任何故障都能实时分析、主动提醒，摆脱"小白"司机的苦恼，云端订购优质配件、推荐离家（或单位）最近的汽车修理店，甚至上门取送车服务；智能电视按照你喜爱的影视剧演员选荐性价比最高的"明星同款服饰"，送货上门；智能手环、智能体重秤在你疲劳、生病时，主动采购营养品、推荐最符合你身体特质的健康食谱、保健护理服务……这一切都是物联网在我们生活方方面面产生的DT经济价值，物联网创造新兴经济范式，激活实体经济，成为个性化体验的服务小帮手。

阿里巴巴正在致力于DT经济基础平台、智能物联体系的研发建设。马云提出："未来阿里巴巴提供的服务，会是企业继水、电、土地以外的第四种不可缺失的商业基础设施资源。"这种全球线上线下一体化的物联服务，由DT时代新的"云·网·端"构成：

- 云：全世界只需要一台计算机"超级云脑"，处理天地间所有事务。

- 网：物联网天然生长在云端，因特网上的"物物交谈"超越人与人之间的交流。

- 端：万物互联，机器学习，数据驱动，让人、物、环境相通、互懂。

1.2.3 IoT 变革"DT 产业格局"

"竞争战略之父"哈佛大学教授迈克尔·波特在《揭秘未

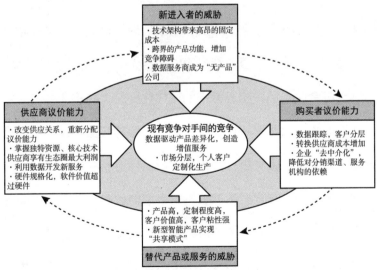

图 9　物联网产业竞争分析（波特五力）

资料来源：阿里研究院，哈佛商业评论。

来竞争战略》报告中指出："智能互联产品将带来行业结构的变化。"他采用"波特五力"模型分析产业竞争变革，认为：与互联网、移动互联网的前两次变革一样，物联网作为一种新科技会激活全球市场的增量需求，并对5种力量（波特五力）产生巨大影响，尤其是对制造业的影响最大。基于迈克尔·波特的2015年最新研究成果，我们能够发现物联网带来如下产业竞争变化：

1）购买者的议价能力：因为个人需求与使用习惯不同，数据驱动的智能产品或服务差异化特征明显，初期功能类似的同质化产品竞争会导致价格战，而中后期价格竞争将越来越罕见。随时间积累的购买者使用数据，会帮助公司对客户分类，定制更符合此类用户实际需求的个性化产品，并将产生"去中介化"趋势，购买者与产品制造商通过智能产品直接对接，降低对分销渠道、服务机构的依赖，产品制造商将挤压中间环节获取更多利润，并根据数据提供更多增值服务，以增加购买者使用黏性，因此购买者的议价能力降低，转换供应商的成本大幅提升，例如，使用iPhone的用户长期使用后更倾向于在生态圈内复购升级换代产品或多品类同家族产品（iPad/iWatch/iTV/

iCar）；又如 GE 在飞机引擎上安装数百个传感器，购买 GE 飞机的航空公司（购买者），会根据 GE 提供的燃油消耗数据调整襟翼在降落时的位置，最大化降低油耗，与航空公司更紧密的联系，让 GE 提升了对飞机机身制造商的黏性与议价能力，并加强了产品的差异性；同时，航空公司也能够根据不同品牌飞机的传感器数据分析，了解不同供应商的真正性能差异，并拥有自身产品使用数据，降低对供应商的信息服务依赖与转换成本，提高自身议价能力。

2）竞争对手间的竞争：传统产品出厂后即"失控"，供应商、最终用户之间隔着中介渠道，导致互不认识，而智能产品通过联网功能收集用户使用过程中的所有数据，形成闭环通路，持续推动产品升级优化，数据就是产品进化的核心动力，因此可实现 IoT 产品差异化，针对细分市场创造增值服务机会，甚至根据不同客户行为习惯柔性化定制生产，凭借产品差异化功能与服务提升产品价格与利润空间。例如，百宝力（Babolat）生产的网球拍手柄中内置传感器，在分析击球速度、旋转和击球点变化数据后，将结果显示在用户的智能手机上，以持续提升运动员参赛水平。智能产品在前期研发阶段投入大，容易陷入"谁的功能更全面"的竞争陷阱中，其固定成本大幅高于传统产品，导致可变成本占比降低，价格竞争空间缩小，必须将固定成本分摊到较大数量的售出产品上。另外，物联生态圈中的智能产品面临跨界竞争，例如，智能家居中的家用照明设备、音箱娱乐设备、智能温度控制器从原先互不干涉的各自领域进入同一片智能家居市场，竞合策略更加复杂。

3）供应商的议价能力：智能产品重新分配议价能力，改变传统竞争关系。硬件更加规范化、通用化，软件更加灵活特色化，这导致智能组件、互连组件的价值超过物理组件，而且软件提高了硬件的通用性，减少了物理的组件种类，因此传统硬件供应商议价能力被削弱，就像智能手机普及后的硬件代工厂商一样。而另一批智能物联核心组件供应商的议价能力大幅提升，包括传感器、软件、互联设备、操作系统、数据存储分析等，如 Google、Apple、Intel 等，这些企业获得生态圈中的大部分利润，挤压传统制造商利润。例如，在智能汽车行业，通用、本田、奥迪、现代等车厂缺少操作系统与 APP 开发生态资源，所以要安装 Google android 操作系统，以 OEM 关系融入 Google 生态圈。传统车企的强大行业影响力对 Google 等新型供应商无效，而 Google 具有雄厚的技术资源与海量的用户影响力，汽车消费者在选购过程中越来越考虑汽车智能服务因素，希望与自己的智能手机生态对接。这些新型"技术架构"供应商拥有强大的议价能力，并形成数据闭环，不断开发新的增值服务。

4）新进入者的威胁：新进入者面临昂贵的"技术架构"固定投入与数据生态壁垒，"云 + 数据 + 产品 + 服务"四位一体，形成产品黏性，跨界产品竞争、多元化产品间的互联功能会为新进入者增加阻碍。具有创新思维、行动敏捷的在位公司，从产品制造者快速向生态服务平台转型，获得关键的先发优势，如百多力（Biotronik）公司，原先生产心率调节器、胰岛素泵等设备，现在生产智能医疗互联产品，构建"家庭健康监测系统"，形成数据中心、智能医疗设备、远程健康监控服务的立体生态体系，医生远程监控患者的医疗数据和临床情况，长期累积患者生物数据，改进产品、服务、售后流程，形成购买者的忠诚度，提高产品转换成本，提高了行业进入壁垒。

5）替代产品的威胁：智能产品的差异性强，性能持续优化，定制程度、客户价值日趋上升，这降低了替代产品的威胁。而伴随技术创新、商业创新，替代产品将从新的维度切入市场，例如，智能手机替代数码相机，而新一代混合现实眼镜、自拍无人机的设备很可能替代手机的拍照功能，是技术创新者的降维打击；又如共享经济标杆 Zipcar、Uber 等为客户提供随需而至的便捷出行服务，正在侵蚀汽车销量，"使用权市场"逐步取代"所有权市场"是商业创新者的降维打击；而传统汽车制造商研发布局"无人驾驶汽车"，希望在下一代共享汽车服务中赢得未来市场；"共享服务 APP＋智能自行车"的模式也在各地普及，减少市民购买自行车的需求，避免买车、停车、修车、丢车的麻烦，甚至与共享汽车跨界竞争。智能物联产品的普及是共享经济飞速发展的基础。

物联设备具有"蜂群"规律，单一产品入网后，会呈现多样化产品组合的优化特性，竞争边界将从"产品"向"生态体系"扩展，物联效能也从"产品功能"向"生态功能"演进，如同智能电视与智能家居生态的关系、智能汽车与智能路网的关系、智能建筑与智慧城市的关系。如果一家公司对物联生态圈影响最大，则会占有产业最大的一块利润。在智能物联产业中，核心产品供应商将逐渐整合周边产品与服务，成长为"平台型企业"，处于生态圈主导地位，而其他产品提供商则成为"伙伴型企业"，实现平台级合作与创新，共享生态圈"成长红利"。伴随物联网中主流生态圈的崛起壮大，单一产品供应商将很难与生态级企业竞争，新进入者会积极成为伙伴型企业，而另一些掌握核心技术的新进入者将跨界竞争，不受传统产业竞争方式影响，没有历史产品需要保护，专注主导产品创新，或整合资源、聚焦数据，构建某一特定物联体系的通用 PaaS 服务，奉行"无产品战略"，成长为下一代平台型企业。

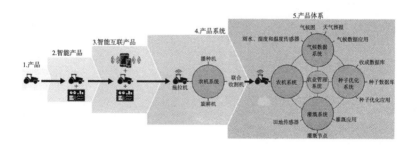

图 10　从"产品型企业"向"生态型企业"转型

资料来源：阿里研究院，哈佛商业评论。

以图 10 为例，A 公司是一家拖拉机制造商，第一阶段在产品中加入联网、控制、数据分析等智能功能，实现产品在线化、业务数据化，转型为智能产品制造商；第二阶段产品线从拖拉机延展至播种机、联合收割机、旋耕机，多样化的农机设备联网后构成企业级物联产品系统；第三阶段，在物联云上融合内外部数据源，构建起农机系统（物联设备群），气候数据系统（气象预报、气候数据服务、气候图、雨水／湿度／温度传感器），种子优化系统（收成数据库、种子数据库、种子优化应用），灌溉系统（田地传感器、灌溉节点、灌溉应用），四大系统相互协同，形成"农业管理体系"生态环境，转型为"平台型企业"。

2

全球物联网产业

2.1　微电子技术：一切应用创新的根源

微电子技术是一切应用创新的根源。

微电子技术的进步是物联网发展的硬件基础，芯片制造工艺的不断优化和新材料领域的一次次突破，让一切应用实现了集成化、模块化、低功耗化，更加直接的是，让一切产品的价格下降，开发成本降低。

微电子技术的进步，是芯片使用量激增、性价比提高、商用化加速的过程。在以芯片为核心的技术世界里，无论多么高不可攀的成本都只是暂时市场需求未被激发时的初始状态。随着使用量的攀升，技术布局成本会被不断摊销，最终芯片的边际成本都会趋近于生产这颗芯片的时间成本。

从微电子技术的发展历程来看，技术与市场选择共同造就了行业生态。不同芯片架构侧重的功能不同，决定了五彩多姿的芯片品种，然而，商业模式和市场机遇对于芯片架构的选择也很重要。短期来看，简单到 MCU，复杂到 FPGA 以及 ARM，x86 架构的 CPU 都有适合其应用的场景。从半导体几十年的发展来看，当今的芯片架构应该都不是终极形态，而是技术实现

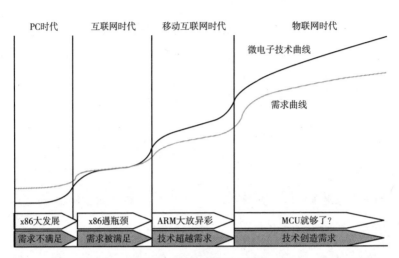

图 11　微电子发展路径

资料来源：华泰证券研究所。

方式在一定的应用环境和特定阶段的现实条件下的参考答案。

在需求不能被满足的时代，芯片的性能提升是第一要务，在技术发展超越需求的时代，根据需求可以方便定制成为对芯片最主要的要求，基于专用芯片的服务才是物联网时代的核心。

在 PC 时代，以 Intel 为代表的芯片厂商致力于追求单体芯片最高的集成度和性能，在用户需求不断得到满足的过程中，x86 代表的微电子芯片性能不断挑战新的高度。到了互联网时代，单体芯片的集成度已经逐渐满足甚至超越时代需求。从 Intel 推出双核 CPU 开始，x86 架构的 CPU 已经走上巅峰，如何拨云见日适应现实的应用需求成了它的隐忧。

移动互联网横空出世之后，应用更加碎片化，用户普遍性的需求被满足，基于精简指令集的 ARM 芯片大放异彩。微电子技术的进步不会停止，应用模块化、集成化、低功耗化的方向依然不变。在物联网时代，定制过程简单、低成本、低功耗的 MCU 将得到高速发展。

物联网是把任何物品与互联网连接起来，进行信息交换和通信，以实现智能化识别、定位、跟踪、监控和管理的网络。当面对的都是单纯的数据，并不需要追求无止境的运算效能时，低成本、低功耗的 MCU 足以完成对物联网系统信息的收集和控制。在物联网时代硬件数量将达百亿量级，每件设备都将配备一个低功耗的 MCU，物联网将成为推动 MCU 市场发展的一个巨大动力。

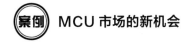 **MCU 市场的新机会**

根据 Mclean 的报告，全球 MCU 将保持持续快速增长，

出货量大幅提升。预计 2018 年全球出货量将超过 250 亿颗，对应年复合增长率为 8%。不过受 MCU 单价下降的影响，销售金额增速将慢于出货量的增速，年复合增长率约为 5%，预计全球市场规模将达到近 200 亿美元。

目前，国内 MCU 市场规模约为 32 亿美元，仅占全球市场份额的 20% 左右。预计未来相较于全球市场增长会更为强劲，年复合增长率在 9% 左右，2018 年市场规模将达到 45 亿美元。

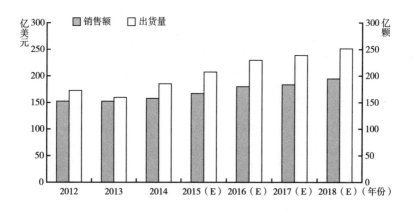

图 12　全球 MCU 出货量与市场规模

资料来源：Mclean，华泰证券研究所。

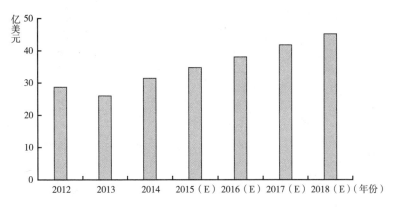

图 13　中国 MCU 市场规模

资料来源：IHS，华泰证券研究所。

2.2　机器感知：天然认知世界

物联网需要大规模的传感网络作为支撑，每件智能硬件上均有数个甚至数十个传感器进行数据采集。作为物联网的触角的传感器无所不在催生了对传感器的四个要求：低成本，微型化，智能化，网络化，而最能满足以上要求的 MEMS 传感器也自然成为物联网时代传感器发展趋势的代表。

MEMS（Micro-Electro Mechanical Systems 微机电系统）

传感器是采用微电子和微机械加工技术制造出来的新型传感器。与传统的传感器相比，它具有体积小、重量轻、成本低、功耗低、可靠性高、适于批量化生产、易于集成和实现智能化的特点。

MEMS 传感器的应用十分多样，例如，智能终端以及智能硬件上的消费型应用所需要的温湿度、压力、运动传感器等；高可靠产品，如用于汽车电子的 MEMS 传感器；用作物联网监测节点信息，比如温湿度、压力、气体、流量、风向采集等 MEMS 传感器；此外还有用于体征监测的 MEMS 生物芯片产品等。

现阶段 MEMS 传感器主要需求来源于消费电子，其中又以运动传感器为主。运动传感器是目前 MEMS 传感器应用最成熟的市场，加速计、陀螺仪、磁力传感器和压力传感器等产品，在游戏机、手机、电视遥控、数码相机等产品中已有大量应用。

不过，随着智能穿戴产品的推出，医疗健康 MEMS 产品将迎来爆发契机。作为或可与智能手机相比拟的划时代产品，智能穿戴有着和人体长时间接触的天然特性，因此它的医疗应用具有巨大开发价值，这极大地催生了物联网医疗需求，也使得医疗用 MEMS 深度受益，血压计、助听器、呼吸器和呼吸机、睡眠呼吸暂停测试仪、活动检测器、物理治疗设备等MEMS传感器的需求量会大大增加。

心跳、心率、虹膜、指纹、指静脉等生物识别系统的使用能够方便地区分用户，而越来越多的应用系统被集成为模块和芯片。在万物联网、信息充溢的形势下，让产品和系统"天然"辨识认知用户，给数据加上用户的标签是至关重要的。我们判断，生物识别芯片的发展将是未来几年的重点，在各种智能设备和系统中集成生物识别传感器也许会成为标配。

MEMS 传感器的市场需求

受益于物联网的兴起，MEMS市场规模开始快速提升。据Yole Development预测，2013~2017年MEMS市场规模将从124亿美元增至190亿美元，年复合增速高达12.7%，远高于半导体行业市场增速。由于MEMS器件的单价会逐年下降，出货量的增长将更加迅速，预计到2018年出货量将达235亿个，年复合增长率高达20.3%。

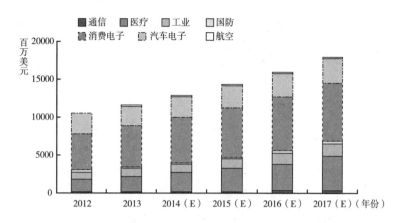

图 14 全球 MEMS 传感器市场规模快速提升

资料来源：Yole Development，华泰证券研究所。

2.3 通信技术：IoT 商用的催化剂

物联网的出现使得各种物体之间的无缝连接成为可能，也标志着更加全面的互联互通成为可能。物联网带来的是更全面的互联互通，它意味着互联互通的对象从较高智能的计算机和手机，推广到低智能的一般物体，其连接方式也从不断追求更高速向高速与低速相结合。因此，物联网对应的无线网络需求可以分为三类：一类是以蓝牙、ZigBee 为代表的低速无线网络传输协议；一类是以 Wi-Fi 为代表的无线宽带网络；还有一类是个人通信传输标准，如 GPRS、3G、LTE、5G 等。

新的移动通信标准 5G 的提早部署将大大降低 4G-LTE 的成本和资费，2.5G、3G、4G 技术的物联网应用有可能会革新性地改变 Wi-Fi 与蓝牙通信技术在组网、联网质量上的不便利，通过分时传输、瞬时在线等技术大幅度提高移动通信模块的工作时间。

通信技术的演进也是各种网络传输芯片使用量激增、商用化加速、性价比提高的过程，高速率、高稳定度、便于开发和商用的通信传输芯片将会出现，以更亲民的价格步入商用轨道，助力物联网的全面普及与深度发展。

 蓝牙、ZigBee、Wi-Fi 技术的发展

蓝牙（Bluetooth）作为一种短距离、低功耗传输协议，在物联网时代优势明显，其主要目的是为了替换一些个人用户携带的有线设备。蓝牙成为目前市场使用最普遍的短距离通信技术，广泛使用在移动设备（手机、PDA）、个人计算机与无线外围设备。同时蓝牙技术还被大量地应用于GPS设备、医疗设备，以及游戏平台（ps3、wii）等各种不同领域。

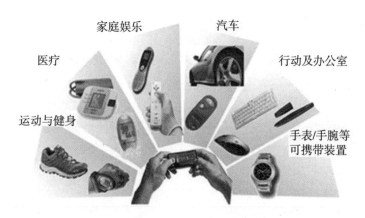

图 15 　智能生活中蓝牙被广泛应用

资料来源：华泰证券研究所。

据咨询机构 IHS 预测，受益于智能终端的快速普及，全球蓝牙芯片出货量稳步增长，预计 2015 年有望达到近 27 亿颗，年复合增长率约为 15%。并且我们认为随着以智能穿戴、智能家居为代表的消费物联网兴起，全球蓝牙芯片出货量还将有望呈现加速增长趋势。

ZigBee 协议是最早出现在无线传感网领域的无线通信协议，也是无线传感网领域最为著名的无线通信协议。无线传感

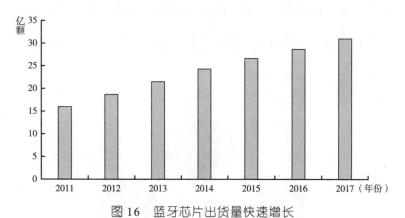

图 16 蓝牙芯片出货量快速增长

资料来源：IHS，华泰证券研究所。

网是物联网的典型应用之一。ZigBee 最大的特点是低功耗、低成本、低速率、近距离、短时延、低复杂度、高容量、高安全性、免执照频段，从而在工业、家庭自动化控制和工业遥测遥控领域优势明显。

ZigBee 低功耗优势突出，在低耗电待机模式下，2 节 5 号电池可支持一个节点工作 6~24 个月甚至更长，相较而言，蓝牙只能工作数周、Wi-Fi 仅能工作数小时。低成本体现在通过简化协议（不到蓝牙的 1/10），降低了对通信控制的要求，而且免协议专利费，每块芯片价格大约为 2 美元。ZigBee 具有大规模组网的能力，每个网络 65000 个节点，而每个蓝牙网络只有

8 个节点。在可靠性方面，ZigBee 具有多方面保证。物理层采用了扩频技术，能够在一定程度上抵抗干扰，MAC 应用层（APS 部分）有应答重传功能。

图 17　ZigBee 通信技术优势明显

资料来源：华泰证券研究所。

Wi-Fi 是当今社会应用最为广泛，大众最为熟知的一种通信技术，同样也是物联网背景下重要的无线通信方式之一，是无线宽带技术的代表。与蓝牙和 ZigBee 两种通信方式相比，Wi-Fi 的优势在于有更大的带宽，能够实现更快的交互功能，对于物联网中需要进行大量信息传输的地方，Wi-Fi 则成为最佳选择。

2.4　物联网操作系统：全球产业升级的制高点

当前物联网的操作系统仍在产业发展早期，能够统领行业的标准化技术尚未成型，在此仅以微软、谷歌、阿里、华为为例探讨对物联网的思考。

操作系统是用户与设备间的接口，是将硬件设备整合组织起来的软件载体。从计算机诞生之日起，操作系统就是发挥硬件效能，实现用户需求的关键媒介。在物联网碎片化的应用之下，操作系统也在发生着重大的改变。

从互联网到移动互联网再到物联网，对操作系统的单体要求已经越来越低，在物联网时代，对于末端被连接的万物来说，运行其上的操作系统已经不需要包罗万象。微软作为曾经的操作系统垄断者，在此项竞争领域积极投入，其加入和倡导的AllSeen 联盟的 AllJoyn 标准就是为物联网量身定制的，是开放开源的标准。微软刚刚发布的 Windows 10 支持 AllJoyn，希望让更多的产业参与者聚拢到微软周围。

有同样想法的还有谷歌和华为。移动互联网时代谷歌的Android 系统大放异彩，现在其发布的 Brillo 系统是 Android 系统的精简版。而华为刚刚推出其物联网操作系统——LiteOS。

阿里巴巴完全自主研发的 YunOS 成为中国第三大手机操作系统，拥有 4000 万用户，经过 5 年的开发投入，物联网操作系统以 YunOS for Wear、YunOS for Car 形式出现，在 PayWatch、InWatch、互联网汽车上整合阿里旗下增值服务，包括天猫、淘宝、聚划算、高德地图、支付宝等等。比如用户在购买电影票后，可以及时在穿戴设备上收到影片开场提醒；在网上购物后，可以及时收到最新的物流状态；而最吸引人的是用户可以通过可穿戴设备使用支付宝，实现更快捷更方便的移动支付。其后台是阿里云的大数据资源与云计算能力，并且运用在安全方面与公安部一所合作研发的通信加密技术，为物联设备系统提供安全保障。YunOS 目前已经覆盖了手机、PAD、智能汽车、智能家居、企业服务和智能可穿戴领域，基于统一基础系统软件平台，逐步构建起连接一切、承载阿里巴巴一站式生活服务的多重交互智能物联生态，在国产操作系统中首屈一指。

观察以上几种操作系统不难发现，物联网业态下的操作系统本身的开发门槛已经大幅降低，预计将有越来越多的物联网操作系统会相继出炉，而这意味着碎片化的物联网市场，无法通过任何一款操作系统一统天下，这对所有凭借原有操作系统进行行业垄断的巨头来说都是一个新挑战。在碎片化日趋严重的真实市场中，产品机会到处都是，用标准化产品满足所有需求却相当难。操作系统的整体体验如何保证？定位哪类客户与场景？商业推广如何来做？如何让生态获得收益？这些都是"创新者面临的窘境"。

2.5　智能家电：智能化升级空间巨大

（1）传统家电增长承压

2009 年开始相继实施的家电下乡、以旧换新和高效节能补贴政策等，配合国家刺激内需，拉动家电行业需求年复合增长 30% 以上，较短时间内释放大量潜在需求。2014 年家电行业进入后补贴政策时代，前期政策补贴带来了一定的消费透支并筑高了基数，叠加宏观经济大环境不景气的影响，使家电行业的高增长已成为过去。根据产业在线统计，2014 年空调出货同比增长 4.58%，其中内销增长 12.47%，出口下滑 4.45%；

冰箱出货同比下滑 0.88%，其中内销同比下滑 4.76%，出口增长 9.47%；洗衣机出货同比增长 0.77%，其中内销同比下降 0.19%，出口同比增长 2.75%；LCD 电视出货同比增长 15.66%，其中内销下滑 1.50%，出口大增 30.86%。

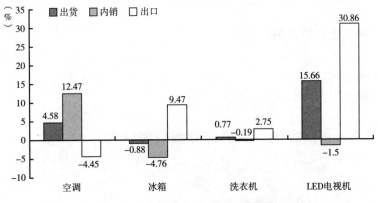

图 18　2014 年家电行业分产品增长率

资料来源：产业在线，华泰证券研究所。

从绝对数量规模来看，根据产业在线数据，2014 年我国共销售冰箱 7634 万台，冰柜 1939 万台，洗衣机 5776 万台，空调 11691 万台（中央空调 669 万台），彩电 11627 万台，以及各类小家电 6976 万台。

2015 年内外环境对家电行业的影响更偏向利好，房地产限购不再，更新需求崛起，欧美经济持续复苏，国内家电龙头走出去，大家电5%~10%低速增长将成为常态，除非有进一步的家电行业刺激政策出台，过去几年的高增长将难以重现。

在行业增长承压的大背景下，市场中出现了一些声音，认为家电行业的发展正遇到瓶颈，已经触碰到了行业的天花板。我们认为，我国家电行业的需求仍有较大的新增空间，而更新需求更是尚未完全释放。而基于互联网的物联化、智能化应用对家电产业的改造正在进行中。

（2）黑电：客厅经济的中心

彩电作为耐用消费品，存在新增和更新需求，经过多年普及，目前需求整体基本进入饱和期，未来几年全球市场需求预计稳定在2.5亿台左右。从市场区域看，未来需求增长动力主要在亚非拉等新兴市场，但经济低迷影响消费热情，欧美经济虽然率先复苏，但保有量高，以更新需求为主，总量变化不大。

智能电视生态领先其他智能家电产品发展。因电视IT属性更强，技术更新快，与互联网、各种智能应用天然契合，且是传统家庭娱乐平台的中心，在三星、Google、海信、TCL、长虹等业内巨头，以及乐视、小米、苹果等跨界企业积极推动下，以智能电视为核心的家庭娱乐智能生态已开始成型，智能电视年销售渗透率已在 40% 以上，机顶盒、游戏机是其中重要配套部分。

通过挖掘彩电端口新价值，"互联网 +"催生客厅经济。国内彩电年出货量已多年稳定在 5000 万台左右，保有量超过 3 亿台。存量市场价值再挖掘成为新阶段的掘金点，相对传统的卖硬件赚钱模式，"互联网 +"催生的智能生态模式衍生出"内容 + 平台 + 终端"持续增值服务盈利模式，将是未来开发彩电存量市场金矿的新途径，客厅经济模式应运而生，新的万亿市场空间亟待开发。

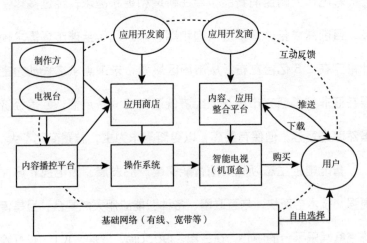

图 19　未来电视智能生态架构模式分析

资料来源：《广告大观》，华泰证券研究所。

（3）白电：智能化升级

与黑电IT属性较强和作为家庭娱乐中心的特点不同，白电短期仍主要看智能化带来的产品结构升级，长期看对智能家电平台整合的贡献。

白电的智能化升级正在进行中，截至2015年一季度，智能电视的渗透率已经达到了72%，同比增长16个百分点。奥维咨询预计到2015年末，智能电视渗透率将达85%。白电的智能化整体渗透率目前还不足10%，根据奥维咨询预测，到2020年，空调、冰箱、洗衣机等白电的智能化率将分别达到55%、38%、45%。白电产品智能化升级带来的高端化消费需求不断提高，厂商的毛利率和净利率最近3年每年提升幅度均超过1个百分点，推动白电行业整体盈利保持稳定较快的增长。

长期看，白电智能化将融入整体智能家电平台系统。以海尔发布的"U＋智慧"生活平台为例，开放式平台整合空调、冰箱、洗衣机、彩电、热水器、安防、医疗等日常家庭生活所需配套设施，互通互联。其中，空调、冰箱、洗衣机，各自形成智慧空气生态圈、智慧美食生态圈、智慧洗护生态圈子系统，衍生出新的"平台＋内容＋终端"增值服务产业链。

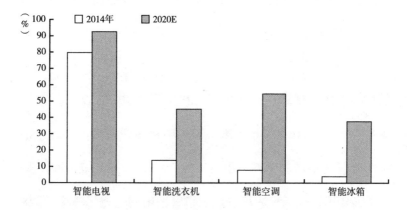

图 20 与黑电相比，白电智能化有大幅提升空间

资料来源：奥维咨询，华泰证券研究所。

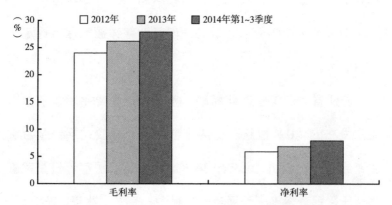

图 21 产品升级带来白电厂商盈利能力持续提高

资料来源：华泰证券研究所。

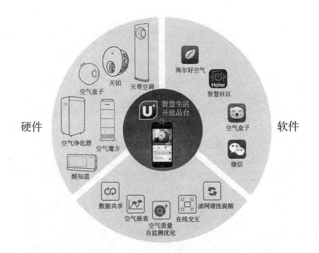

图 22 海尔以空调为核心的智慧空气生态圈

资料来源：海尔 U+ 发布会，华泰证券研究所。

图 23 海尔以冰箱为核心的智慧美食生态圈

资料来源：海尔 U+ 发布会。

图 24　海尔以洗衣机为核心的智慧洗护生态圈
资料来源：海尔 U+ 发布会，华泰证券研究所。

再例如，2014 年 2 月 26 日，美菱发布的 Chiq 冰箱，可以通过手机查看冰箱食品保质期限、对冰箱实现远程控制、接受冰箱故障提醒、远程查看冰箱内食品存储的情况等。

又如，2014 年 4 月 10 日海尔正式发布的 Smart Center，兼具手机和 PDA 功能，还可实现智能家电控制。除了能与电视、冰箱等常用的黑白电产品匹配之外，海尔 Smart Center 还能与血压计、血糖仪、跑步机等生活类电子产品连接。

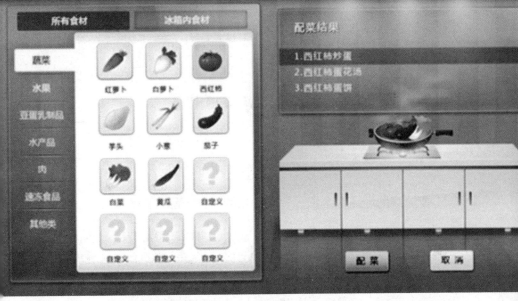

图 25　美菱 Chiq 冰箱根据冰箱现有食材生成菜谱

资料来源：网易数码。

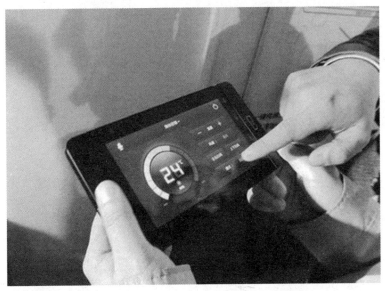

图 26　海尔 Smart Center 控制空调温度

资料来源：中关村在线。

2.6 智能可穿戴：亟待杀手级应用出现

（1）智能穿戴产品是将人体自身连入物联网的最佳选择

智能穿戴产品是个性化、移动化的硬件产品，具有极强的数据收集能力，能够将人类生活、运动、身体、思维等信息数据化。这将为未来潜在的商业开发提供数据基础；为用户决策提供信息支持，将是全面协助个人信息处理与决策的智能化个人助理。

穿戴式设备，目前仍处于行业的培育期，其商业模式远谈不上成熟。从未来应用的方向上看，医疗保健、信息娱乐、健身运动类需求将成为未来市场空间最大、增长速度最快的方向。此外军事、工业等应用也具有较为广阔的市场空间。

医疗保健与健身运动是目前模式成熟，潜在需求巨大的市场，也是目前各家穿戴式产品都在着力开发与耕耘的市场。尤其是在欧美发达国家，医疗保健与健身运动智能化具有广泛的社会基础，近两年保持着极高的发展速度。

对于智能穿戴的应用市场，应将健康与医疗两个领域区分研究。目前阶段受到产品技术的限制，在无创情况下获取的健康数据准确度尚无法达到医疗级使用，这也意味着应用于医疗的智能穿戴市场仍是尚未真正启动的潜力市场，由于医疗方向所具有的专业性，将会是垂直属性很强的蓝海市场。

而目前各类穿戴产品更多专注于健康、娱乐、社交等需求，因为相比于明确的医疗需求，这是更具有普适性的应用需求，具有广泛的用户基础，网络效应强，用户黏着度高，成为互联网企业必争之地。

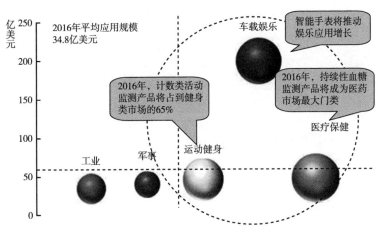

图 27 医疗保健、信息娱乐、健身运动类需求
将成为未来穿戴式产品最大的市场

资料来源：BI Intelligence，华泰证券研究所。

根据智能穿戴产品的基本诉求，我们认为穿戴式设备对轻薄化要求将成为产品设计的硬约束条件，进而限制电池容量的

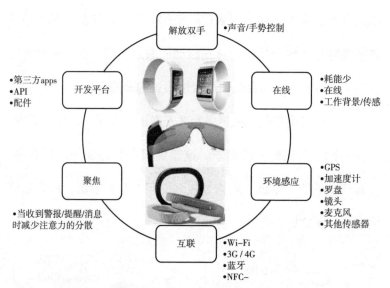

图 28　穿戴式产品功能诉求

资料来源：华泰证券研究所。

配置，并会在交互方式、电力供给、材料设计、近场通信等方面产生一系列影响。

　　从目前的趋势看，智能穿戴设备的出货量与日俱增，最成熟的手环类产品已经形成诸如 Jawbone、Fitbit、Misfit、小米等数个品牌，而 2015 年苹果 Apple Watch 开始销售后将进一步推动行业发展，为未来的高速成长奠定基础。预计 2018 年全球穿戴式设备出货量将接近 2 亿只，复合增长率高达 60%。

　　从"风暴市场"理论看智能穿戴发展。

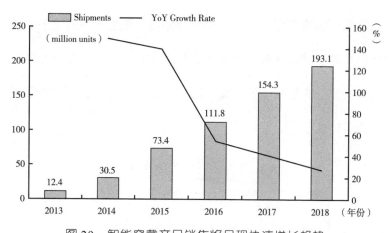

图 29　智能穿戴产品销售将呈现快速增长趋势

资料来源：Market Intelligence & Consulting Institute，华泰证券研究所。

智能穿戴作为一个新产品市场，其发展将遵循风暴市场理论。根据风暴市场理论，一种新产品、新技术的生命周期主要包括：

1）早期市场：激动人心的新产品推出；

2）市场鸿沟：大众市场尚不能接受不成熟的新产品；

3）风暴市场：大众普遍接受，产品供不应求；

4）主街市场：市场发展繁荣，深入挖掘市场；生命终止。

其中市场鸿沟阶段是产品能否成为市场主流的关键，一旦跨越市场鸿沟，意味着行业发展进入快车道，进入发展非常快速的风暴市场时期，需求增长快于生产的增长。这也就是目前人们常说的从 0 到 1 的过程。

　　而后风暴市场，也即主街市场阶段，则生产快速上升，产品供需紧张状况缓解，出现一定程度的供过于求，在这个阶段市场的竞争将聚焦于性价比。这也就是所谓的从1到N或者说面临破坏性创新的阶段。

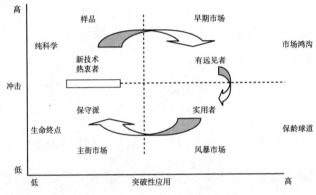

图30　风暴市场理论的产业生命周期

资料来源：《创新者的转机》，华泰证券研究所。

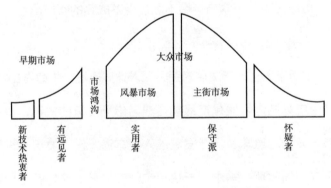

图31　后风暴市场——主街市场

资料来源：《创新者的转机》，华泰证券研究所。

目前的智能穿戴行业，仍处于尚未跨越市场鸿沟的早期市场阶段，而跨越市场鸿沟的最佳方法就是找到所谓的杀手级应用（Killer App）。一种产品的成功不能简单依靠硬件设计，更重要的是来自于硬件产品背后的应用、服务。iPhone曾经的成功很大程度上正是iOS操作系统和AppStore商业模式的成功。

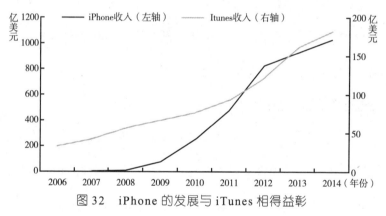

图32　iPhone的发展与iTunes相得益彰

资料来源：Apple财务报表，华泰证券研究所。

（2）智能运动解决方案对健身行业的颠覆

在健身产业中，传统的业态形式是健身房以场地设备吸引顾客，并以私人教练等形式为顾客提供附加服务。由于前者的可复制性强，后者水准、专业素养和职业稳定性参差不齐，如何摆脱同质化的低端竞争，怎样让健身者持续接受服务，提升服务的附加值等问题成了健身产业发展的瓶颈。

智能手环、手表等穿戴式设备配合体重秤、体测设备的综合应用构成了运动健康的一套硬件基础，而这些设备可以发挥的最大价值在于，提供用户运动和健康的个人资料信息。物联网之下，以信息重构健身产业的重心和发展模式成为可能。

在健身房中如果以每个用户的个性化数据为基础，有针对性地构建起"千人千面"的个人健康模型，按照其体质特点量身定制健身计划，并以可视化方式呈现，辅助以手环等穿戴式设备合理提醒，就成为用户独家的健身私人教练。

再进一步，经过用户授权，将用户数据向设备商、解决方案提供商、运动内容提供商开放，让用户得到有针对性的健康产品和营养咨询、企业类健康服务。通过社交媒体用户还可以分享运动成果和心得，与周围朋友有效互动。

健身场所的设备使用情况也可以处于随时监控情况之下，对设备的使用时间加以分析，不仅可以让健身房掌握顾客光顾的规律和构成，有针对性地推荐附加产品和服务，还可以让顾客有针对性地根据设备的空余时间安排行程，随心所欲地制定个人健身计划。

对于健身房来说，其价值是可以从传统的人力成本堆积、同质化竞争泛滥、用户体验糟糕的泥潭中解脱出来，将健身场地变成增进用户交流分享的场所，由"包租公""包工头"向"健康生活顾问"的角色转变。

2.7 虚拟现实：下一代人机交互界面

按照"风暴市场理论"，虚拟现实 ① 产业正在处于市场鸿沟前的早期市场阶段，由有远见者投入资本推动技术快速迭代。例如 Facebook 指出 Oculus 等虚拟现实产品会成为下一个移动设备替代品，正如手机取代计算机一样，虚拟现实平台成熟后，人们会花费 40% 的娱乐时间在体验虚拟现实上。目前 VR 产业具有如下特点。

1）技术路径：供给端，产品呈现依赖于技术开关（刷新率、分辨率、延迟、计算能力等）的打开，领先厂商基本达标；

---

① Virtual Reality，简称 VR。

需求端，亟待杀手级应用激活，大概率出现在游戏领域。未来更大市场规模的爆发，依赖于技术瓶颈的突破，关键在于晕眩的解决、行业标准的建立。以上均需要多产业、多场景的复杂融合，决定了 VR 将成为持久战。

2）市场前瞻：不高估未来两年的变化，也不低估未来十年的变化。伴随面向消费市场的硬件和内容的批量上市，2016 年 VR 将会迎来小爆发；预计到 2020 年，全球头戴 VR 设备年销量将达 4000 万台左右，市场规模约为人民币 400 亿元，加上内容服务和企业级应用，市场容量超过千亿元；长期来看，市场规模万亿元可期。

3）产品形态：硬件方面，VR 头戴设备可分为 VR 头盔（+PC）、眼镜（+ 手机）、一体机（独立使用），其中 VR 眼镜将成近期主流，未来向一体机演化；内容方面，视频成为标配，游戏成为未来，应用分发成为入口。

4）重点企业：国外企业在先，国内企业在后。三类企业具有发展前景和商业空间：①技术领先的 VR 眼镜 / 头盔厂商，相关公司有暴风科技、联络互动、乐相科技、焰火工坊等；②能力可以向 VR 复制的成熟行业，以元器件、游戏厂商、影视内容厂商为代表；③ VR 企业级应用厂商，目前以创业公司为主。

（1）知觉上传，虚拟世界

虚拟现实，即利用计算机技术模拟产生三维的虚拟世界，让使用者实时、没有限制地感知虚拟空间内的事物。VR 利用视觉、听觉、触觉、嗅觉、味觉等对人体进行全方位仿真，达到让使用者"身临其境"的效果。VR 有三个核心特征：沉浸感、交互性、想象力。其中沉浸感是虚拟现实系统最基本的特征，即让人脱离真实环境，沉浸到虚拟空间（或叠加在现实空间上的虚拟空间）之中，获得与真实世界相同或增强的感知。

历史上经历了三次 VR 热潮：第一次源于 20 世纪 60 年代，确立了 VR 技术原理；第二次发生在 20 世纪 90 年代，VR 试图商业化但未能成功；目前正处于第三次热潮前期，以 Facebook 20 亿美元收购 Oculus 为标志，全球范围内掀起了 VR 商业化普及化的浪潮。

2014 年 3 月 26 日，Oculus VR 被 Facebook 以 20 亿美元收购，引爆全球 VR 市场。除了 Facebook，索尼和 HTC 也在 2015 年推出自家的虚拟现实设备 VR 和 AR（虚拟现实和增强现实），后者能够将虚拟现实景象覆盖于真实世界的物体上，微软尚未问世的 Holoens 和 Magic Leap 都是运用了增强现实

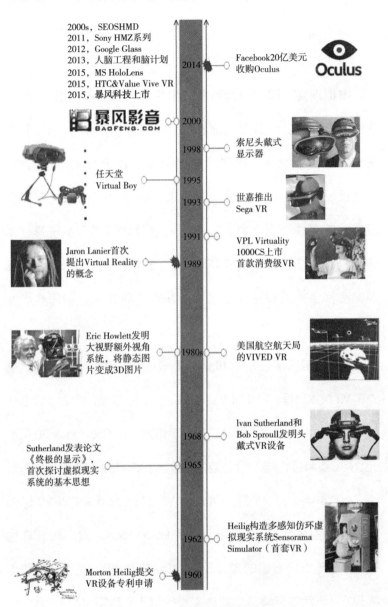

图 33　虚拟现实发展历程

资料来源：华泰证券研究所。

技术；国内，目前已经出现数百家 VR 领域创业公司，覆盖全产业链环节，例如交互、摄像、现实设备、游戏、视频等。

虚拟现实的使用场景可以按消费级市场和企业级市场划分，消费级市场集中在视频、游戏场景，企业级市场则主要在军事、医疗、建筑、教育等场景。

1）消费级市场：视频和游戏是虚拟现实的桥头堡。2014年，影视作品开始登录虚拟现实平台，科幻大片《星际穿越》在全美四家影院推出 Oculus Rift 虚拟现实头盔特别版，让观众融入浩瀚无边的太空旅行；游戏领域，虚拟现实带来的沉

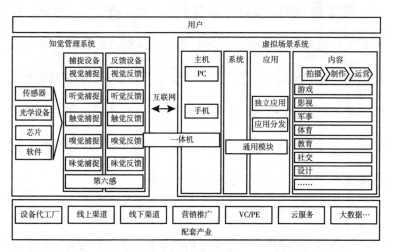

图 34　虚拟现实产业链全景图

资料来源：华泰证券研究所。

浸感使得玩家们体验逼真，Oculus Rift 更搭配 Feelreal 配件：加热、冷冻、喷雾、震动……系列装置打造雷雾风电，临场无极限。

2）企业级市场：虚拟现实应用广泛，其中军事训练相当成熟。军事仿真训练是虚拟现实最主要的应用场景之一，细分类别有特殊环境仿真操作、大型机械仿真培训、军事模拟沙盘、室内射击仿真训练等；此外，在建筑、教育、设计、医疗、展览等领域，虚拟现实已有一定程度的应用，且基于行业独特场景，VR 设备有望率先普及。

如图 34 所示，目前虚拟现实产业链，由主机、系统、应用和内容构成了核心组成部分。虚拟现实的产业配套已准备完成，将有力地支持 VR 行业进入快车道。短期预计，2020 年全球头戴 VR 设备年销量会达 4000 万台，硬件市场规模至少 400 亿元，加上内容和企业级市场，其产业规模将是千亿元以上；长期预测，VR 产业规模将达万亿元规模。

（2）产业发展

"AR-增强现实"[①]，是将计算机生成的虚拟物体或提示信息

---

① Augmented Reality，简称 AR。

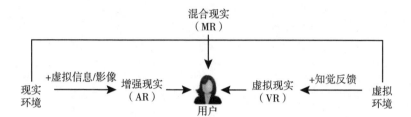

图 35　虚拟现实、增强现实、混合现实的关系
资料来源：华泰证券研究所。

叠加到真实场景中，从而增强用户对现实世界的感知，代表性产品是 Google Glass。如果说 VR 是把人从精神上送到一个虚拟世界；AR 则是增加信息，为的是在现实世界里更好地导航。相比虚拟现实，增强现实与真实世界的联系并未切断，交互方式更加自然。而当我们将现实和虚拟世界合并，产生新的可视化环境，就是"MR——混合现实"[1]。MR 使物理和数字对象共存于新的可视化环境，并实时互动。

从技术实现难度上，VR ＜ AR ＜ MR，所以 VR 最早爆发，然后依次是 AR 和 MR。

增强现实（AR）使用便捷、场景丰富、前景广阔，但短期难以突破技术瓶颈，爆发将晚于 VR。AR 三大技术瓶颈分别为：

———————————

① 　Mixed Reality，简称 MR。

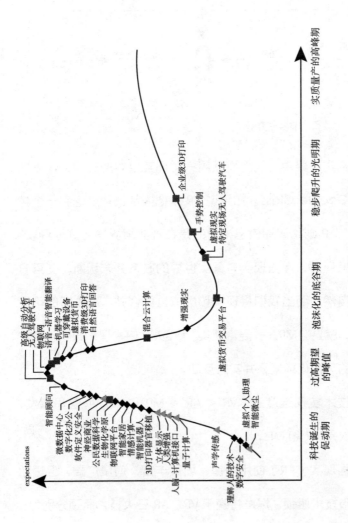

图36 Gartner 2015年新兴技术成熟度曲线

资料来源：Gartner，华泰证券研究所。

1）硬件瓶颈：AR 对计算能力的要求比 VR 高一个数量级，目前的 CPU、GPU 无法支持，更无法保证在轻便的硬件上实现足够的计算速度、存储空间、传输速率和续航能力。

2）图像技术瓶颈：图像识别技术不成熟，特别是在复杂图形、动态图像、特殊场景（如夜间）等方面，信息筛选、识别的正确率和精确率均较低，远不足以支撑一款消费级产品；实时三维建模技术缺乏：需要以图像识别技术作为基础，仅处于实验室阶段；精确定位技术误差大：远未到商用阶段。

3）数据瓶颈：在现实环境中实现无差别图像视频识别需要极其庞大的数据规模，如一条街道上，需要街景、人脸、服装等各种数据；目前数据的采集、存储、传输、分析技术都有需要解决的难题：仅海量数据的清洗、录入，本身就是浩瀚的工程。

参考 Gartner 技术成熟度曲线（图 36），VR 处于"光明期"门口，将早于 AR 爆发，也远远领先于许多当下时髦的技术，Microsoft Hololens、Google Glass 等 AR 产品距离消费者还有五年的时间。

从供给侧来看，虽然目前 VR 产品的体验仍有很多局限，

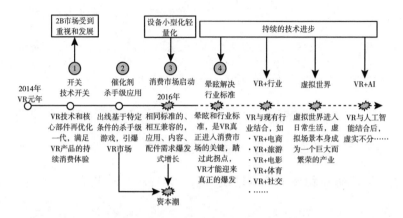

图 37　虚拟现实未来发展路径图

资料来源：华泰证券研究所。

还不足以进入消费市场；但投资机构普遍重视、企业研发极其活跃，已经完成从无到有的冷启动。与此同时，VR 技术包括四项关键指标，领先厂商已经达标，VR 技术趋于成熟。这四项指标为：屏幕刷新率、屏幕分辨率、延迟和设备计算能力。而从需求侧来看，目前 VR 硬件已满足基本体验，杀手级应用的出现可快速激活需求市场。VR 消费市场杀手级应用大概率首先见于游戏，而视频则是标配。

此后，进入"VR＋行业"阶段，相对成熟的 VR 技术，与电商、旅游、体育、社交结合，形成全新的消费场景和商业形态，接近 Facebook CEO 扎克伯格（Mark Elliot Zuckerberg）所说的"下一个计算平台"；更进一步，VR 可以创造出逼真的"虚拟世界"，成为人们生活的一部分；最终，无数个虚拟世界相互打通，最大程度实现生活的虚拟化。随着 AI（人工智能）技术进步，"VR＋AI"将创造出科幻级的虚拟世界，给予消费者想要的一切。

（3）产业爆发

虚拟现实产品全面进入消费市场的条件已经比较成熟，2016 年全球将会迎来 VR 行业小爆发：VR 系统、硬件、应用都将跃上一个台阶；而这轮爆发传导至国内，预计会在 2016 年底。

首先，VR 系统越发成熟。其实，目前 Windows、Android 系统已经能够较好地支持 VR 的软硬件，提供较好的体验，支撑消费级应用，而 Google、Oculus、Razer 也都在开发 VR 专用系统。

其次，核心技术将于 2016 年普及。2016 年将有更多厂商和设备能够在核心技术参数上达到 VR 要求的水平。这是硬件和应用在消费市场爆发的必要条件。

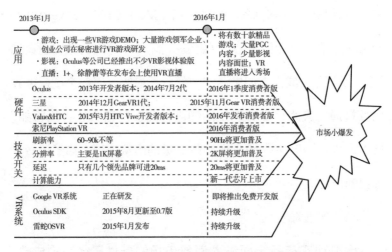

图38 2016年VR将迎来一轮小爆发

资料来源：华泰证券研究所。

再次，世界主流的 VR 硬件都将推出消费者版本。到目前为止，全球体验最好的 VR 硬件，包括 Oculus Rift、三星 Gear VR、Value&HTC Vive 和索尼 Play Station VR，都仅推出了开发者版本，而这四大产品都将在 2015 年年底至 2016 年推出消费者版，这将直接引爆消费市场和应用开发者群体。

最后，VR 内容的数量和质量都将在 2016 年得到质的提升。当前 VR 内容极为短缺：影视内容以短片和 UGC 为主，游戏几乎全是 DEMO。目前已经有大量内容公司投入 VR 内容的开发制作，预计 2016 年会有数十款精品 VR 游戏，若干部完整的

VR 电影，以及非常丰富的 VR 视频，这是质的提升。基于这些内容，VR 设备的普及率和活跃率将得到坚实保障。

（4）产业瓶颈

纵观 VR 产业链条，问题突出体现为：沉浸不足、晕眩难除，其中，晕眩是 VR 用户的首要痛点，目前设备普遍易造成用户身体不适。由于造成晕眩的原因非常复杂，短期内难以完全消除，解决晕眩非朝夕之功——反过来讲，晕眩基本消除之时将是未来 VR 的关键拐点，踏过拐点后将迎来一轮大爆发。

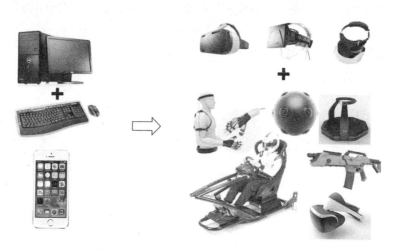

图 39　2016 年 VR 将迎来一轮小爆发

资料来源：华泰证券研究所。

相对于计算机、智能手机，虚拟现实将二维世界提升到三维世界，操控和交互方式更加拟人化、复杂化。体现在：（1）产品从二维世界到三维虚拟世界，多出一个维度意味着重构一个新的产业。举例来说，传统视频（包括 3D 视频）给用户呈现二维影像，所有用户得到一致体验。但 VR 视频支持用户变动位置、切换视角，所以用户永远不会看到同一个 VR 视频。这对于导演、编剧、摄像、演员是个全新的命题。（2）PC 主流操控方式是鼠标 + 键盘，智能手机主流操控方式是触屏，但是 VR 的价值在于尽可能实现操控方式拟人化，理论上包括真实世界中的所有操控方式，每类操控方式又有不同的技术路线，其复杂性远超 PC 和手机。

拟人化要求复杂的操控环境，使得内容开发商难以适配，只有行业标准统一后市场才能进入快车道。目前 VR 行业没有标准、各厂商各行其是，仅操控方式就包括传统操控（PC、手机）、遥控器、手柄、体感设备、跑步机、座椅、方向盘、麦克风等，每种操控方式又有多家厂商提供产品，无论是头戴设备厂商还是内容厂商，都需要广泛适配市面上的这些操控设备。如果没有统一的行业标准，行业的混乱局面将难以想象。不管是龙头企业发起的行业标准，还是国家主导的行业标准，都需要较长的周期。VR 行业标准的产生时间和质量，决定着 VR 行业的发展进程，也再次昭示 VR 产业的成功不会是速战速决，而是一场持久战。

2.8　无人机："军转民"技术红利

无人驾驶飞机简称"无人机"，英文缩写为"UAV"，是利用无线电遥控设备和自备的程序控制装置操纵的不载人飞机。

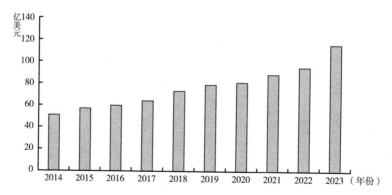

图 40　2014-2023 年全球无人机市场规模预测

资料来源：Teal 集团。

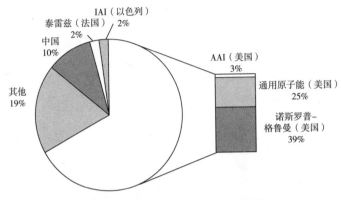

图41 全球无人机市场分布格局

资料来源：Teal集团。

从技术角度定义可以分为：无人直升机、无人固定翼机、无人多旋翼飞行器、无人飞艇、无人伞翼机等。

无人机按应用领域，可分为军用与民用，而民用又可细分为民用专业级无人机和消费级无人机。据美国Teal集团统计，2014年全球无人机市场规模已经达到63亿美元，未来10年全球无人机市场规模将翻番，年均复合增长率10.8%。根据Teal集团预测，预计到2023年无人机市场将达到115亿美元。预计到2023年全球军用无人机将占当年市场总额86%（99亿美元），民用无人机占14%（16亿美元）。

美国 Teal 集团研究表明，世界无人机技术领先的第一梯队包括美国、以色列和欧洲，中国、俄罗斯等处于第二梯队。从全球各国无人机制造商的市场份额来看，美国的份额高达67%，遥遥领先于其他国家，中国无人机由于性价比优势明显，占据约 10% 的份额。

（1）军用无人机

军用方面，无人机分为侦察机和靶机。未来有望逐步发展成无人战斗机，届时，无人机将渗透到各类型军机。军用无人机拥有四大特点：

1）高空长航时化：老式的无人机滞空时间短，飞行高度低，侦察监视面积小，不能连续获取信息，甚至会造成情报"盲区"，不适应现代战争的需要。为此，美国陆军研制了长航时无人机。

2）无人机隐形化：为了对付日益增强的地面防空火力的威胁，许多先进的隐形技术被应用到无人机的研制上。

3）空中预警化：美国最著名的两款无人机"全球鹰"和"捕食者"都是侦察机。

4）空中格斗化：攻击无人机是无人机的一个重要发展方

向。由于无人机能预先靠前部署，可以在距离所防卫目标较远的地方摧毁来袭的导弹，从而能够有效地克服"爱国者"或C-300等反导导弹反应时间长、拦截距离近、拦截成功后的残骸对防卫目标仍有损害等缺点。

无人机在未来侦察、预警、格斗等军事应用方面都有良好的前景。

无人机作为军机的未来发展方向，各国都很重视其研发的投入。但由于技术基础和经济基础的不同，全球无人机发展情况并不均衡。中国相对比较落后。近10年中国相继研发出各款尖端无人机，目前已拥有美国所有类型的尖端无人机，追赶势头强劲。技术水平决定市场份额，中国无人机要在保持性价比优势的同时，努力提高技术水平，以扩大市场份额。

（2）民用无人机

相比而言，我国民用无人机市场发展较晚，是在20世纪80年代军用无人机系统的基础上发展起来的，并于最近十年迅速发展。民用无人机得益于我国军用无人机技术"军转民"（尤其是无人机航空发动机的民用化）降低了技术壁垒；消费级无人机的发展与硬件产业链的成熟、成本曲线不断下降密不可分。随着移动终端的兴起，芯片、电池、惯性传感器、通信芯片等产业链迅速成熟，成本下降，使无人机核心硬件的小型化、低功耗需求得到满足。我国电子元器件产业链十分发达，尤其是深圳地区，几乎可以买到制造无人机所需要的任何电子部件，这催生了低端无人机的迅速发展，消费级无人机作为消费电子品，市场需求逐步被激活。

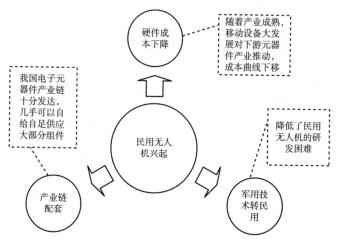

图 42　中国民用无人机驱动因素：军转民、
配套成熟、成本下降

资料来源：银河证券研究所。

表1 硬件产业链的成熟推动了无人机产业的飞速发展

芯片	目前一个高性能 FPGA 芯片就可以在无人机上实现双 CPU 的功能，以满足导航传感器的信息融合，实现无人飞行器的最优控制。
惯性传感器	伴随着加速计、陀螺仪、地磁传感器等设备的广泛应用，MEMS 惯性传感器从 2011 年开始大规模兴起，6 轴、9 轴的惯性传感器也逐渐取代了单个传感器，成本和功耗进一步降低，成本仅在几美元。另外 GPS 芯片仅重 0.3 克，价格不到 5 美元。
Wi-Fi 等无线通信	Wi-Fi 等通信芯片用于控制和传输图像信息，通信传输速度和质量已经可以充分满足几百米的传输需求。
电池	电池能量密度不断增加，使得无人机在保持较轻的重量下，续航时间能有 25~30 分钟，达到可以满足一些基本应用的水平。此外，太阳能电池技术使得高海拔无人机可持续飞行一周甚至更长时间。
相机等	近年来移动终端同样促进了锂电池、高像素摄像头性能的有效提升和成本下降。

军用无人机投入的增长受到军费支出的制约，而军费支出的增长又由经济增长和军费支出比例决定，所以军用无人机除对有人机替代外，无法出现放量增长空间。

民用无人机需求广泛且具有经常性，潜在市场规模巨大，目前的主要问题是如何打破行业天花板。

专业级民用无人机需求领域广泛，可用于如农业植保、森林防火、电力巡检、油气管道巡检、防恐救灾、地质勘探和海洋遥感等方面，且几乎每个领域的需求都是经常性的应用，潜在市场空间极大。以农业为例，中国作为农业大国，每年需大量的农业植保作业。当前农业植保无人机分油动和电动两类，作为完全替代品，其性价比应基本相同，使用油动植保无人机估算市场空间：我国有 18 亿亩基本农田，全国每年需 3 亿小时左右的无人机作业，假设仅 1/20 的农田使用无人机作业，则每年需要 1500 万小时的作业。油动无人机寿命约 400 小时，若每年工作 200 小时，则每年需 7.5 万台无人机进行农业作业。假设每台无人机价格 50 万元，则年需求市场高达 375 亿元。随着老龄化和人力成本的提升，农业劳动力成本也将上升。农业无人机具有机器替代人的功能，预计未来 5~10 年，无人机植保比重将持续提高，市场规模将持续膨胀。

根据产业信息网发布的《2014 年中国无人机产业竞争格局及细分领域需求市场前景分析》论述，电力巡检领域无人机潜在需求数量约为 4000 架，油气管道巡检领域潜在需求无人机数量约为 1170 架，森林防火领域潜在无人机需求量约为 1000 架，公共安全领域潜在需求量约为 2856 架。预计未来 5~10 年民用无人机将迎来产业化浪潮，600 亿元市场空间可期，未来 5~10 年，具体各民用市场估算：农业 400 亿元，电力巡检 10 亿元，油气管道巡检 18 亿元，警用 60 亿元，其他百亿元量级。

民用消费级无人机相对于民用专业级无人机而言，技术门槛低，组装简单、体积较小、成本低廉、零部件便于获得。最开始的消费级无人机主要受众是航模爱好者和 DIY 发烧友。消费级无人机市场开始向上爆发的拐点是 2011 年大疆创新把"多旋翼无人机飞行平台"和"多旋翼飞控"推向市场。2013 年大疆一体化的整机 Phantom Vision 的面世更是把航拍推向普通大众。在航拍、物流领域，消费级无人机被广泛使用：顺丰、阿里巴巴、圆通等正在测试无人机送货；《爸爸去哪儿》《智取威虎山》等通过航拍更灵活地取景；某明星用无人机运送戒指求婚等。据分析目前中国市场民用消费级无人机需求已超过 10 亿元，如果按照每年 10% 的增长，未来 15 年中国市场需求将超过 300 亿元。

2.9 智能汽车："门到门"生活服务入口

汽车作为人类最重要的交通工具，同样也是物联网最重要的入口之一。物联网在汽车领域的标志性应用是车联网蓬勃兴起。车联网依托云计算、大数据技术、通信技术、搜索技术、导航、多媒体技术、支付等互联网工具，围绕用户的车生活，整合线上与线下资源，为用户提供完整而全面的智慧出行服务，例如通用汽车在其生产的所有新车上提供 OnStar 远程车联网服务[①]，欧盟、俄罗斯、巴西、美国都要求在新出厂汽车上安装车祸自动求救系统、车载跟踪器、车对车（V2V[②]）通信系统。麦肯锡预测 2020 年全球将有 25% 的汽车实现联网，而另一家咨询公司 Machina Research 调查显示，2020 年所有车商生产的 90% 新车型会有移动连接。

智能汽车作为车联网的"硬件入口"，将成为车联网的主要载体。智能汽车将具备更多与外界互联、互动的功能，实现汽车的在线化、平台化、服务化，使汽车从代步工具转变为集娱乐、社交等为一体的综合服务平台。移动运营商行业组织"全球行动通信系统协会"（GSMA）研究报告称，车载式服务、硬件以及联网服务的销售收入未来五年将是原先的三倍，到 2018 年达到 390 亿美元；而 Machina Research 认为，2022 年该市场规模可能涨至惊人的 4220 亿美元，其市场增长大部分来自车辆的连接服务。

---

① 远程操控车门开关、发动引擎、在忘掉停车位置的情况下在地图上找回爱车。
② Vehicle-to-vehicle，简称 V2V。

图 43　车联网架构图

资料来源：互联网，华泰证券研究所。

　　智能汽车作为车联网的"数据入口"，同样成为兵家必争之地，传统车企和IT巨头都围绕这一入口展开激烈争夺。

　　传统车企利用自身在汽车领域的技术积累，具有一定先发优势。它们更加关注车辆自身的安全适用性，并希望利用智能汽车技术最大限度升级产品。各大厂商车载系统功能类似，主要用以实现导航、远程语音服务、互联网、影音娱乐、生活服务等五大基本功能。其他包括紧急救援、防盗追踪、道路救援、保养通知等智能通信服务。

　　另外，互联网企业则依靠自身在互联网领域的科技、服务、流量优势，聚焦智能车载系统核心技术开发及整车解决方案。除导航、娱乐、通信等基本服务外，还将手机等终端上的应用开发扩展到汽车屏幕上，例如苹果研发的车辆信息娱乐系统 CarPlay、谷歌开发的安卓汽车 Android Auto 都在抢夺汽车电子仪表板的主控地位，汽车正在成为智能手机的外接设备，侧重人车交互，智能终端成为车载系统核心。尼尔森公司的市场调研表明，2009年以后有一半美国人不会购买一辆数据通信不同于智能手机的新车，即车主使用哪个移动通信网络[①] 会直接影响车型选购。

互联网企业

聚焦车载系统核心技术开发及整体解决方案；
更关注代表未来整体方案的无人驾驶技术

传统车企

关注车辆自身安全性适用性；
希望智能汽车最大程度为汽车锦上添花

图 44　互联网汽车市场两大阵营

资料来源：华泰证券研究所。

① 据《经济学人》报道：美国 AT&T 让通用汽车的驾驶员把汽车和智能手机、平板电脑一起添加到数据计划中，每月付费 10 美元。

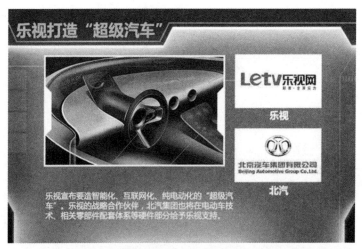

图45 乐视携手北汽打造超级汽车

资料来源：乐视，华泰证券研究所。

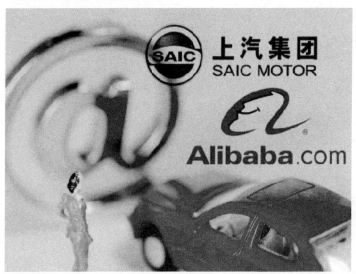

图46 阿里与上汽达成合作

资料来源：互联网，华泰证券研究所。

美国谷歌、苹果凭借强大的后台数据、网络技术、智能软件的支持，能够很好地实现车与云端的互联，显然是这一领域最有竞争力的互联网企业。而国内的一些互联网公司也纷纷和车企合作开发智能汽车，力图抢占市场份额，比如阿里巴巴携手上汽、乐视携手北汽、腾讯携手富士康以及和谐汽车等。

不论汽车企业，还是互联网企业，在这场万亿规模的产业革新中，都是一致看好智能汽车的前景。不论是生产"互联网＋汽车"的整车，还是把车载应用更好地前装到车联网产品中，只要能深度实现互联网企业与汽车企业的优势资源取长补短，本身就是巨大成功。汽车互联化、汽车自动化已经是不可逆转的大趋势。

2.10 服务机器人：从交互到思考的高科技载体

（1）定位于服务，智能化是最大的特征

服务机器人是一种半自主或全自主工作的机器人，它定位于服务人类，而不是应用于制造业从事生产。它可以认识周围环境，根据变化的环境信息自主思考，并做出恰当反应，是多种技术集成的智能化装备。

智能是服务机器人最大的特征。工业机器人是一种可编程和多功能的操作机，是在结构化和已知的环境下为了执行不同的任务而提前设置操作的专门系统。不同于工业机器人，服务机器人面临的工作环境是非结构化和未知的，它的最大特征是智能化。

机器人与人，可以神似而形不似，以虚拟软件的形式服务人类。所谓神似，即让机器人的"神经网络"接近于人，依赖于人工智能和互联网，"能听会说""能理解会思考"，与人实现自如的沟通。这样的机器人可以作为虚拟应用服务，通过开放 API 植入任何硬件终端（包括手机端），即能为我们提供监控、远程操控、聊天、资讯等贴心的服务。

未来服务机器人将同时具备感知、运动、思考三大人体功能，通过发展自主移动技术、环境感知技术、人工智能、仿生机构、高功率密度能源动力、软件开发平台等相关技术，来实现这三大功能。智能机器人虽然仍是由机械构件、传感器、控制系统组成，但它更像一个有生命有智慧的人，而不应再被简单地归结为机械的范畴，这是机器人领域的重大跨越，从此机器人的应用有了更广阔的天地。

图 47　Google 开发的云机器人

资料来源：公安部消防局《中国消防年鉴》，华泰证券研究所。

图 48　小 i 机器人

资料来源：华泰证券研究所。

1）感知：通过编码器、加速度计、陀螺仪等内部传感器来感知自身状态。通过摄像机、超声波传感器、激光器、压电元件、行程开关等机电元器件为机器人提供听觉、视觉、力觉、触觉、味觉等外部传感"器官"来检测环境信息。

2）思考：通过基于模糊控制和神经网络控制的控制器、中央信息处理器 CPU、基于大数据的云计算服务器来实现智能化的决策和思考。

3）行动：自主移动机构，通过履带、吸盘等移动部件配合定位导航、路径规划等技术来实现；执行机构，通过机械手、多关节指来实现；驱动机构，通过伺服器、减速器、电机来实现。

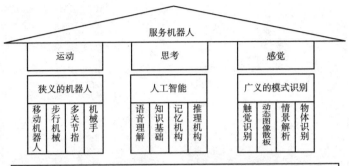

图 49　服务机器人特征

资料来源：华泰证券研究所。

（2）万物互联，服务机器人将无处不在

服务机器人的应用十分广泛，可从事维护、保养、修理、运输、清洗、保安、救援、监护等工作。参照国际机器人联盟（IFR）按应用领域的分类，可分为个人/家用服务机器人（Personal / Domestic Robots）和专业服务机器人（Professional Service Robots）两大类。

机器人市场规模初启。个人/家用机器人产品包括家庭作业机器人、娱乐休闲机器人、残障辅助机器人、住宅安全和监视机器人等；专业服务机器人包括场地机器人（Field robotics）、

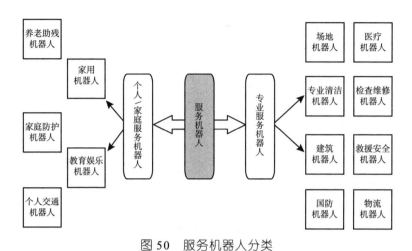

图 50　服务机器人分类

资料来源：华泰证券研究所。

专业清洁机器人、医用机器人、物流用途机器人、检查和维护保养机器人、建筑机器人、水下机器人，以及国防、营救和安全应用机器人等。目前世界上至少有 48 个国家在发展机器人，其中 25 个国家已涉足服务型机器人开发，在日本、北美和欧洲，迄今已有 7 种类型计 40 余款服务型机器人进入实验和半商业化应用。

2013 年，全球服务机器人总销量为 402.1 万台，总销售额为 52.7 亿美元。未来几年全球服务机器人市场规模有望保持 14% 以上的复合增速，随着相互学习与共享知识云机器人技术获得重大突破，小型家庭用辅助机器人会大幅度降低生产成本，将在 2020 年之前形成至少累计 416 亿美元的新兴市场。

机器人市场增长潜力巨大。分领域来看：

- 个人 / 家庭服务机器人，单价低、需求数量巨大，成为全球服务机器人产业中发展前景最好和增速最快的领域。2013 年全球个人 / 家用机器人实现销量 400 万台，环比增长为 28%，销售额达到 17 亿美元。IFR 预计 2014~2017 年将销售超过 3100 万台个人 / 家庭服务机器人，销售额可达到 110 亿美元。

- 专业服务机器人在极端环境和精细操作等某些特殊领域具有不可替代性，未来仍有较大增长空间。自 1998 年以来，全球累计已销售 15 万台，其中 2013 年总销量为 21000 台，比 2012 年增长了 4%；2013 年总销售额为 35.7 亿美元，同比略降 1.9%。预计 2014-2017 年将有 134500 台专业服务机器人被安装使用，总销售额达到 189 亿美元。

2.11 人工智能：用计算代替思考

德国数学家戈特弗里德·威廉·莱布尼茨[①] 曾经说过："用计算代替思考。"一语道出人工智能的本质。

伴随云计算的出现，人类历史上空前强大的计算能力来到我们身边。我们正处于人工智能发展初期，现有的智能算法正在利用深度学习等技术认知数据、感知世界，互联网汇聚的海量多媒体数据（图片、音乐、文字、视频等）都在加速这个学习过程。据麦肯锡全球研究院 2015 年分析预测："人们所做的有偿的工作的 45% 能够通过采用当前得到验证的技术被自动化。""随着体力工作和知识工作自动化的进步，许多工作在短期内会被重新定义。"牛津大学研究表明了类似结论，未来二十年中，35% 的英国工人和 47% 的美国工人面临被科技取代的风险。人工智能正在经历三个发展阶段：

（1）信息处理工具：早期用来高效检索所需数据，例如

---

① 戈特弗里德·威廉·莱布尼茨：德国哲学家、数学家，曾与牛顿同一时期发明微积分理论。

Google、Amazon、淘宝帮助用户检索到最需要的内容信息、商品信息。

（2）服务辅助工具：现在用来辅助真实社会中如医生、律师、记者、股票操盘手、老师、科学家、营养师、客户服务、私人秘书等专业人士工作（基于大量专业数据的机器算法训练学习），或作为个人生活服务助理（基于个人数据的机器算法训练学习）。《经济学人》研究显示[①]，在医学领域，IBM 合作研发的 KnIT 系统为医生护士提供诊断分析[②]，医疗健康服务网站 WebMD 月访问量已经超过美国人线下看医生的次数；在法律领域，法官和律师通过"电子裁决"处理小额索赔诉讼，多伦多 Ross Intelligence 公司律师向 Watson 咨询并获得关于破产难题附带引证的答案和来自法律或其他判例法的有用资料，eBay 用智能算法解决用户中每年 6000 多万次的商业争议；在传媒领域，美联社采用 WordSmith 软件根据财务报告、证券市

---

① 引用《经济学人》刊载的《教授医生大律师机器人》《人工智能初级阶段》《虚拟个人助理：软件秘书》等内容。
② Watson 将问题与潜在的答案数据库比对，生成答案列表，并用百科全书、医疗文档、音频或图片等其他数据库为答案打分，挑选出最可能是正确答案的结果，经过 12 周训练可以回答多发性硬化症、肺癌、糖尿病治疗等问题。

场等数据自动写出财经新闻，每月能产出 1000 篇稿件；在教育领域，"纳米学位"利用线上课程算法辅导性格能力各异的全球学生自主学习互联网编程；在科研领域，特拉维夫大学计算机科学家用智能算法辅助研究解决历史性难题，使用面部识别软件拼接 30 万份已经撕烂破损的古犹太手稿；在餐饮领域，iPhone 应用 Wine4me 根据消费者口味、预算和搭配的食物来帮助餐厅（或个人）推荐酒。

（3）生产代理工具：由智能算法或智能机器人来全权代理某一种工作，实现无人职守、机器决策的生产力大提升，其决策依据来自于前期人工训练调试及后期自我学习和自我改进。目前此类全自动生产的实例不多。例如在金融领域，受电脑算法指挥的"高频交易"自主决定买卖特定股票，以远超过人类操盘手速度的机器速度来发出极大数量的买单和卖单，甚至通过程序指令快速撤单试探股市需求变化。目前美国市场 70% 的交易由计算机算法完成，虽然引出高度复杂性的监管挑战与争议，但从复杂领域中 DT 技术解放人脑来看，这是一种人机融合智能的创新与进步。

按照美国耶鲁大学认知心理学家 Sternberg 提出的"智力

三元论"①，人工智能正在逐步接手解析性、实用性工作（"任务操作"与"知识获得"），蓝领和白领工作方式都会发生本质改变，人将更多承担创造性、情感类、体验式工作（计划、控制和决策等高级执行过程的"元成分"）。据麻省理工学院研究分析："全球最先进的人工智能（AI）系统，其智力目前已达到4岁儿童的智商。"② 所以在中短期内，人工智能的聪明程度还没有达到足以替代人的水平，只是重新改写了人与机器算法的分工协作方式，这一阶段最适合作为人类智能的工作助手与生活助理。硅谷传奇人物道格·恩格尔巴特（Doug Engelbart）认为机器应该被用来增强使用者的智力与技能。美国国防部 DARPA③ 的 CALO 人工智能项目④ 研究员大卫·伊斯拉埃尔（David Israel）

---

① 1985 年，美国耶鲁大学教授 Sternberg 的"智力三元论"指出，智能由组合、经验、情景组成。

② 该项研究采用麻省理工学院人工智能系统项目 ConceptNet 进行 IQ 测试，将人类语言转换为机器识别数据，5 轮测试后，ConceptNet 得分为 69 分，学龄前小孩得分为 59 分，满分为 100 分。

③ DARPA 全称 Defense Advanced Research Projects Agency，美国国防部先进科研项目局，曾发明 INTERNET（因特网）前身 ARPANET、GPS（全球卫星定位系统）、隐形战机、无人机等技术，并每年面向全球举办"机器人挑战赛"（DRC）。

④ 美国 DARPA 委托 SRI International 研发虚拟助理项目，CALO 意为"可学习与组织的认知助理"，让虚拟助手拥有"人格和认知能力"，周期 5 年，500 多人参与，被称为美国历史上最大型的人工智能项目。SRI 研究员 Adam Cheyer 后成立商业公司开发出 Siri，2010 年在 Appstore 面世后即被 Apple 收购。2011 年 Siri 语音助理被集成到 iPhone 4S 及后续苹果产品中。

说："使用机器的目的不是为了在任何方面取代人类，而是要通过硬件和软件来帮助人们更有效地完成他们的工作。"

Gartner 评选出"2015 年十大 IT 趋势"，指出"虚拟个人助手"（简称 VPA[①]）与"专业智能顾问"会持续进化，并预测智能机器时代将会是 IT 史上最具颠覆性的时代。所以，全球产业界出现了"个人助理 +"（智能生活管家）与"专业助理 +"（智能行业顾问）两种智能服务化发展方向：

- Apple Siri：2010 年 Apple 创始人乔布斯用 2 亿美元收购成立仅三年的 Siri，并在 2011 年将 Siri 用于 iPhone4S、iPad3 及之后的各类硬件产品的操作系统中，通过语音命令（或文字命令）搜寻餐厅、电影院等生活信息，答疑解惑、收看各项相关评论、提醒日程安排，甚至订位、订票、叫出租车。Siri 是最早面向消费者问世的智能语音助手。

- Google Now：用 4 亿美元收购成立三年的人工智能公司 DeepMind，2012 年，在安卓系统中嵌入 Google Now 语音服务，与第三方应用合作，通过在线搜索，

---

① VPA：Virtual Private Assistant。

提供衣食住行等各项生活辅助信息。Google 于近期将单机版的人工智能系统 TensorFlow 向社会开源，借鉴全球开发者社群的智慧。另外，Google 也在积极研制无人驾驶汽车。

· Facebook M：Facebook 的人工智能实验室正在研发名为"M"的个人数字助理，致力于让计算机能够理解互联网消息流内容的含义，10 年内提供更智能的服务。"M"可被人为训练和监督，帮助未来 10 亿用户整理堆积如山的照片、视频及评论等网络信息，并测试通过"M"帮助用户购物、预约参观、安排旅程、为亲人递送礼物、处理日记；为加速进展，将自己研发的多个 AI 工具在 Torch 环境中向公众开源。另外，Facebook 积极推动"虚拟现实"（VR）与"Internet.org"（覆盖全球，尤其是落后地区的泛在可接入互联网）。

· Microsoft Cortana：2014 年，微软在 Lumia 手机、Windows 等微软设备中，嵌入个人智能助理"小娜"（Cortana），作为语音助手，可读取日历、筛选电话、主动提醒，支持 Android 和 iOS；另外，在非微软产品，如微信、微博等第三方平台上嵌入伴侣虚拟机器人"小冰"，提供知识问答、天气提醒、找图片、讲笑话等功能；除语音外，微软在人类表情识别（照片分析、视频分析）领域，帮助机器深度学习产生更准确的"情感识别算法"，以应用于商品销售等服务行业，实时理解消费者情绪、判断说话人来历背景、在嘈杂环境的中远场进行"说话人识别"，例如"Project Oxford"、"Hyperlapse"与"How old"等开发套件已经开放了API，供开发者免费试用。

- Amazon Echo：2014年，亚马逊推出与智能音响集成的虚拟语音助手Echo，基于Alexa语音控制系统，能用语音命令播放音乐、音频书籍、电台新闻（例如BBC News、ESPN等），设置闹钟提醒，订购商品（从亚马逊网站），具有较好的中远场语音识别能力，亚马逊计划将Echo打造成为"智能家居"的控制中心（连接其他智能家电）。

- 百度度秘：虚拟机器人助理"度秘"，内嵌在百度APP中，提供美食推荐、电影推荐、生活服务推荐等服务，以个人专职秘书为研发目标。

- IBM Watson：正在研发的 Watson 是虚拟专业助理，IBM 和美国贝勒医学院开发的"知识集成工具包"（简称 KnIT）系统扫描海量医学文献并为研究问题生成新假设与建议，帮助美国哥伦比亚大学医疗中心和马里兰大学医学院的医疗人员更快、更准确地诊断、治病；借助海量信息库中存有许多发表在期刊上的专业论文，可以让医生利用最新科研成果治疗病人，医生利用丰富的临床经验选择 Watson 提供的建议方案，护士与医师助理借助 KnIT 系统也可以分担以前只有医生才能做的工作。另外，加州圣莫尼卡的 Go Moment 用 Watson 打造虚拟助理 Ivy，帮助酒店实现自动化执行客户服务。

3

阿里巴巴智能物联

云脑物联网正在创造一个 DT 新世界。万物沿在线化、数据化、智能化、自动化的主线"进化"，真正的大数据将"如影随形"，人或物体的"数据影子"蕴含潜在商业价值。在未来30 年，云脑物联网实现"第一产业"、"第二产业"的高度自动化，"第三产业"因数据创新利用成为社会 DT 经济主体，不会利用在线数据的企业将被无情淘汰，而各行各业涌现的新一代企业都将成为跨界的"DT 服务提供商"，云脑物联网创造出巨大的增值服务空间。

从美国的 Apple、Google 到中国的小米、华为，国内外很多有远见的企业都在从自身优势资源出发，积极布局物联网业务。在此我们选择产品相对全面、国产自主研发、为全产业链合作伙伴赋能的阿里巴巴智能物联生态圈作为样本进行深入分析。阿里巴巴不仅是一个众所周知的从事电子商务的互联网企业，而且是一个对 DT 经济有着深刻理解，拥有大数据资源、掌握前数据应用前沿技术的智能化通道，可以为企业和创客提供从云（阿里云）、网（阿里通信）、端（YunOS、智能家电、智能汽车）全方位的研发投入、自主可控、安全保障，到创意、设计、研发、制造、销售、服务的全生命周期平台服务，

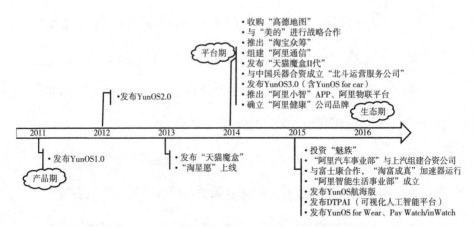

图51　阿里巴巴"智能物联"业务发展历程

资料来源：阿里研究院。

阿里智能联合上下游厂商、科研院所、相关社会团体等近百家物联产业合作伙伴，共同发起成立"A+阿里智能联盟"（简称ASLA），共创产品从可穿戴到家居家电，从智能硬件到智能服务，遍及家居、影音、健康、母婴等各大品类，托举整个中国智能产业加速起飞，正在见证这一轮硬件产业"去中心化"和"智能服务平台化"的创新浪潮趋势，具有中国IoT产业发展的标杆性研究价值。

如图51所示，阿里巴巴"智能物联"相关业务的发展共经历3个阶段：

（1）产品期：2011~2013年，大量投入开始自主研发适用于手机、汽车、TV、可穿戴设备上的国产品牌操作系统"YunOS"，并研发"天猫魔盒"开拓家庭娱乐市场，淘宝众筹前身"淘星愿"上线探索众筹模式。

（2）平台期：2014~2015年，通过与战略合作伙伴联手，整合移动（YunOS、魅族）、家居（阿里智能生活）、电商（淘宝众筹、天猫电器城、聚划算）、地图（高德地图、北斗导航）、通信（阿里通信）、汽车（阿里汽车、上汽）、医疗（阿里健康）、云计算（阿里智能云）等核心资源，逐步构筑起针对家居、汽车、医疗等领域的智能物联开放平台，为全球企业、创客与合作伙伴提供物联网相关的技术、销售、运营等基础服务。

（3）生态期：2016年开始，打造更大规模的繁荣生态圈，通过强化平台体系赋能合作伙伴，为社会大众提供更加丰富的第三方物联应用产品及服务。

如图52所示，阿里巴巴"智能物联"生态体系分为基础层、应用层、营销层：

（1）基础层：云计算/大数据（阿里云）、人工智能平台

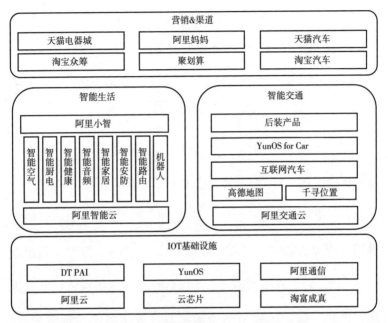

图 52　阿里巴巴"智能物联"家族图谱

资料来源：阿里研究院。

（DT PAI）、云芯片（Yun on Chip）、操作系统（YunOS）、阿里通信（虚拟运营商）、淘富成真（制造设计平台）是智能物联基础平台必备的核心能力，为智能物联应用产品开发者，提供全球领先的互联网技术平台服务、最低的创新创业门槛、互联互通的数据资源。

（2）应用层：围绕"智能生活""智能交通"两个领域，分别构建起"阿里智能云""阿里交通云"，与国内外众多合作伙

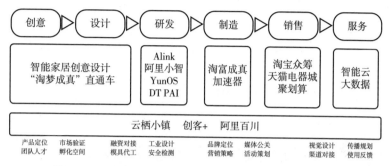

图 53　阿里巴巴"物联创客"全生命周期服务平台

资料来源：阿里研究院。

伴共同构建具有行业应用特点的开放生态体系，以核心应用方案、技术标准、数据能力、平台服务实现生态合作协同，为生态圈中所有企业的用户形成"场景融通"能力，打造"一站式"体验。

（3）营销层：利用阿里巴巴强大的全球电商资源，为智能物联创新产品提供营销、渠道两类服务能力。智能生活领域，淘宝众筹为未上市的新品筹款、首发推广，天猫电器城为已上市的物联产品打造品牌营销，聚划算聚新品、聚定制助推"爆款"销售；智能交通领域，通过天猫汽车销售整车，淘宝汽车销售汽配服务，通过阿里妈妈实现客户精准触达。

智能物联的生态中，包括大量中小型创新企业，与软件应用创业不同，智能硬件的创业门槛较高，对研发团队的技能要求全面而深入，涉及创意、设计、研发、制造、销售、服务等专业能力，绝大部分初创团队的技能与资源优势主要集中在其中部分环节，产品研发和销售过程中的风险较大，例如工业设计、安全测试、营销推广、产能管理都会出现意外情况，而融入阿里巴巴"智能物联"生态体系，将会获得全过程端到端的专业服务，让大学生创客实现从"创意"到"创造"，让技术型创客获得全球领先的智能云、大数据、生产制造能力，另外，包括云栖小镇、创客＋、阿里百川的物联网、移动互联网的配套孵化服务同步跟进，全球电商资源保障创新产品的众筹、融资、销售在第一时间获得海量消费者的关注与支持。

阿里巴巴认为，消费类的科技产品必然经过 4 个重要的发展阶段，才能升级为"智能产品"：

（1）连接：设备联网、设备间通信、上智能云是连接的重点，通过 APP（例如"阿里智能"）实现远程控制，设备具有用户管理和服务入口功能，作为互联网入口承载衍生服务。

（2）驱动：用手机、外部云服务、传感器、智能设备来驱

图 54　"智能物联"产品进化路径图

资料来源：阿里智能生活，阿里研究院。

动智能硬件，针对该设备所处的特定场景，将云上的定制化增值功能赋予设备。例如用气象服务驱动空调、空气净化器，用震动传感器驱动路由，用手环驱动家电，用"云食谱"驱动烤箱、电饭锅，用在线音乐库驱动智能音响，都是"云＋端"的驱动功能。

（3）互通：基于前两步，不同厂商的多品类设备之间实现交互，云端数据实时通达，形成生活场景的设备联动，例如冬日家庭主动识别主人回家，照明灯、厨具、热水器、电视、窗帘等自动智能顺序开启。

（4）互懂：智能产品通过收集用户日常行为数据，自动感知用户最喜欢的生活状态，自我学习用户的日常起居习惯，将人工控制的"被动服务"转变为随需而至的无操作"主动服务"，通过智能算法自动调整周边设备，达到无感化的最佳体验。

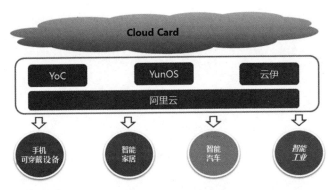

图 55 YunOS 生态体系

资料来源：阿里研究院。

3.1 YunOS：驱动万物，连接智能

3.1.1 YunOS 生态：智能 IoT 操作系统成为基础设施

YunOS 是阿里巴巴完全自主研发的智能设备操作系统，融合了阿里巴巴在云数据存储、云计算服务以及智能设备操作系统等多领域的技术成果，并且可搭载于智能手机、智能机顶盒（DVB/IPTV/OTT）、互联网电视等多种智能终端设备。目前已经应用在手机、可穿戴设备、智能家居、智能汽车、智能工业几个主要领域，已推出魅族 metal 手机、朵唯 L5 Pro 手机、PayWatch、InWatch、天猫魔盒、路畅智能车机、纽曼智能车

机、华阳智能车机、e 路航智能导航仪、Vision 远界全屏智能后视镜等产品，在 2015 年"双 11"被消费者火爆抢购。

YunOS 依托"云芯片 YoC ①"，实现云端一体的"OCC"模式（OS+Chip+Cloud），整合计算能力与服务资源，用设备端 IoT 套件、SDK 与手机端 SDK，实现跨厂商、跨设备间互联互通，可广泛应用于产业互联网中的智慧工业、智慧农业、智慧能源、智慧社区、智慧交通 / 车链物流、智能建筑、智能制造，以及消费互联网中的智能出行、智能教育、智能家居、智能穿戴。

YunOS 之上，采用人工智能技术，融入个人助理"个人助理 +"，通过算法模型更好地理解文字、语音、图片，并为每一位用户提供更好的生活服务。另外，丰富而免安装的卡片服务，构成了 YunOS 上满足各种场景的应用服务生态。

阿里云、YunOS、云芯片 YoC、"个人助理 +"、阿里智能（APP）已经构建起从云到端的完整链条生态体系。"硬件 + APP+ 云 = 服务"（简称 HAC ② 服务）是现阶段消费类智能产品的标准范式，具有三大特征：①"云端一体"是基因，

---

① Yun on Chip，简称 YoC。
② HAC：Hardware, App, Cloud。

"数据融通"推智能；②云与手机端（M端）结合，互联网服务体现为APP，一个APP就是一个互联网服务入口，形成"Cloud APP"；③云与智能端（D端）结合，互联网服务体现为智能硬件，一个智能硬件就是一个互联网服务入口，形成"Internet Device"。

3.1.2 YunOS：智能端＋云服务

YunOS依托阿里巴巴集团电子商务领域积累的服务经验和强大的云计算平台，基于Linux开发而成。系统搭载了完全自

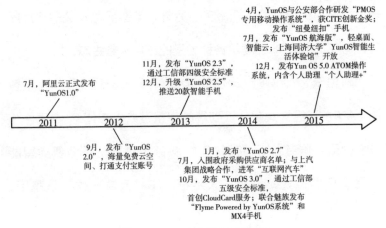

图56　YunOS发展大事记

资料来源：阿里研究院，YunOS。

主设计、架构、研发的系统核心虚拟机和云引擎，增强了云端服务的能力。通过海量云空间来同步和管理智能设备数据，数据可永久保存在云端并连通所有设备。基于云端弹性云计算的托管服务，便于开发者快速开发和部署移动应用，通过云应用平台，成千上万的互联网产品和服务可轻松转化为移动云应用，无须下载、更新和安装即可使用，真正将互联网搬入手机。

如图56所示，在2011年YunOS 1.0以战略产品投入市场，历经4年持续投入，研发出CloudCard免下载应用、人脸识别、语音控制、图像识别等多项创新成果，从手机操作系统衍生出 YunOS for Wear、YunOS for Car 搭载在 PayWatch 与智能汽车产品上，以及个人助理智能机器人"个人助理+"，打通智能终端、大数据到O2O服务的全线上线下路径，实现移动互联网、物联网时代海量服务的智能推荐与交付。YunOS 发展至今，已经与十余家国内外智能手机制造商、TV 领域企业、

智能手表　　　手机　　　　　　电视　　　　　　　智能车机

图 57　YunOS 部分产品

资料来源：YunOS，阿里研究院。

应用开发商合作，致力于为用户创造覆盖居家、出行多场景最出色的智能生活体验。未来，将会有更多搭载 YunOS 智能操作系统的云手机、智能穿戴式设备、智能家电、智能车机 / 汽车产品推出，给用户提供多样化、人格化、智能化的服务选择。

目前 YunOS 应用于数千万的智能手机、智能电视（含机顶盒）、智能车机、智能手表，连接应用中心中的推荐应用和游戏、爱奇艺与优酷土豆的影视视频库、阿里音乐的海量音乐库、天猫淘宝的潮流商品、阿里旅游等线上线下服务内容，众多智能硬件、Apps 通过载入 YunOS，成为广大用户的"生活服务入口"，具备了未来科技特征。

（1）人脸识别：YunOS 手机"人脸解锁"，用人脸识别分类归纳手机上的生活照片，或者用"扫一扫"识别杂志、照片、现实中的明星脸。

（2）美颜美妆：YunOS 具有磨皮瘦脸等美颜功能，并可在视频中，实时"试用"唇彩、修眉、眼影、腮红等美妆效果，所以"双 11"中应用于彩妆品牌电商营销，让用户"虚拟上妆"，体验唇彩等化妆品的真实效果。

（3）听歌识曲：在智能手表上，实现"听歌识曲"，提取

图 58　YunOS 部分产品

资料来源：YunOS，阿里研究院。

声音特征对比阿里音乐 500 万音乐库，2~3 秒找到歌名、歌词、歌手内容。

（4）视频识别：在天猫魔盒与智能电视上，从节目视频实时查询详细信息。

在安全领域，YunOS 团队更与公安部第一研究所联合开发出 PMOS 专用操作系统，PMOS 基于 YunOS 系统进行了深层开发，专门面向信息安全要求极高的公安用户群体。它通过硬件安全增强方式实现安全引导，防止系统被刷机；自主开发内核实时主动防御技术，实现对操作系统破解、越狱的有效防止；对隐私数据访问进行实时监控，通过数据加密、强制访问控制等机制防止数据被泄露或窃取。PMOS提供双工作模式，"个人模式"和"安全模式"完全隔离，在安全模式中提供磁盘加密、单点登录、安全通信等多种安全功能，保证"安全模式"下全部信息的安全性。此外，PMOS还提供了安全输入、防截屏、病毒/木马/恶意代码查杀、防短信劫持、网络反钓鱼、防恶意联网等安全功能。在2015年4月"第三届中国电子信息博览会：CITE创新之夜"上，PMOS更荣获"CITE创新金奖"。

3.1.3 云芯片 YoC：OS+Chip

（1）"OS+Chip"改变世界

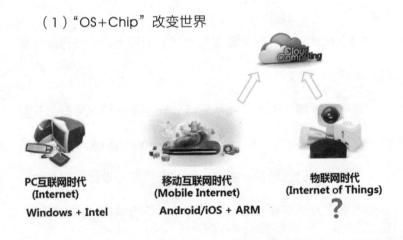

图 59 "操作系统+芯片"改变世界

资料来源：YunOS，阿里研究院（图片来自互联网）。

操作系统与芯片，在科技时代的每个时期都是生态核心，同时也是技术最复杂、投入巨大的艰难挑战。

1）PC互联网时代：微软的Windows联手Intel芯片推动了IT和其他所有产业的信息化变革，直接影响了10亿网民。

2）移动互联网时代：苹果的iOS与谷歌的Android，搭配ARM芯片，利用云计算力，重构商业流程，形成了共享经济、平台经济等新模式，直接影响了30亿手机用户。

3）物联网时代：IoT操作系统与芯片会影响每一个人的生活与工作。每一个硬件（包括手机、各种智能设备）都是联网上云的，其本质都是呈现一个或多个互联网服务，被称为"Internet Device"（互联网硬件），由于物联网的应用场景具有差异性，一颗或几颗芯片满足所有要求的方式已经不现实了，小而美，分行业、分领域打穿的芯片显示出竞争力。

（2）计算经济助力芯片升级

如果从功用来区分，芯片可定义为三代：

1）ASIC时代（1990~2000年）：特征是"应用"上芯片（Application Specific IC，简称ASIC）。"专用集成电路"使

ASIC时代
（1990-2000）
（Application Specific IC）"应用"上芯片

SoC时代
（2001-2015）
（System-on-Chip）"系统"上芯片

YoC时代
（2016以后）
（Yun-on-Chip）"云"上芯片

图 60　计算经济时代的芯片升级

资料来源：YunOS，阿里研究院（图片来自互联网）。

得硬件设计者能够针对不同的应用需求开发出千变万化的芯片产品，通过提升芯片的处理能力提升电子产品的处理能力。

2）SoC 时代（2001~2015 年）：特征是"系统"上芯片（System-on-Chip，简称 SoC）。"系统芯片"内部集成可编程的嵌入式 CPU，使得嵌入式软件设计者能够基于芯片开发出各种适应各种应用的单芯片解决方案，芯片适用范围更宽、智能化程度更高。

3）YoC 时代（2016 年以后）：特征是"云"上芯片（Yun-on-Chip，简称 YoC）。"云芯片"中集成云计算所需的云基因（计算、安全与连接能力等），实现"云端一体"开发。智能硬件开发者能够基于云芯片开发出与云和智能终端有效互动的"Internet Device"。

（3）Yun-on-Chip 应用，从"芯"保护

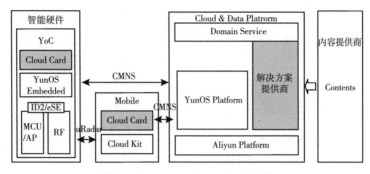

图 61　Yun-on-Chip 技术架构

资料来源：YunOS，阿里研究院。

YunOS 同芯片厂商合作提供面向各行业的云芯片 YoC，面向不同行业的垂直领域，实现芯片和 OS 深度整合，并基于 JavaScript 开发 Cloud Card 服务，加速智能硬件应用形态的创新。其中最关键的是构建起从"芯"开始的物联网安全体系，通过全球领先的独特"ID2"技术为所有物联网设备提供牢固的芯片级硬件安全保护，"ID2"全称为 Internet Device ID，是互联网设备在 IoT 世界中唯一的 ID 和应用密钥，生产时固化在芯片中，成为从云到端的"硬件身份证"，让数据和服务在云与端之间透明流动，并基于"ID2"关联不同设备数据，成为互联网设备计算的基础设施。

3.1.4 "个人助理+"：专属智能机器人

与业界的其他虚拟机器人产品不同，YunOS里的"个人助理+"[①]，正在重新定义个人助理类产品，提供用户专属的自然交互体验，跨越智能设备，整合线上线下生活服务，将"个人助理+"打造成为具有人格实体的"YunOS之魂"，成为能够帮你的秘书、懂你的知己、陪伴你的家人，让你的生活更轻松！

"个人助理+"具有四大特点。

（1）完整的端到端服务："个人助理+"不再是一个服务的中转站；它可以完成完整的服务流程，从搜索、选择到最终付款、快递跟踪。而且，用户可以将任务托管给"个人助理+"，从而真正做到享受数字生活。

（2）千人千面："个人助理+"对用户不再提供千篇一律的服务；了解用户习惯，知道用户的喜好使得"个人助理+"能够有针对性地提供最恰当快捷的帮助。同时，"个人助理+"能够从每一次的交互中学习，进一步了解用户并随之"进化"。

（3）人格化YunOS："个人助理+"不是一个超级App；

---

① 这个产品的内部名称为"云伊"。

图 62　"个人助理 +"主动方式

资料来源：YunOS，阿里研究院。

它就是 YunOS，是 YunOS 的人格化展现。"个人助理 +"无缝地穿梭于所有搭载 YunOS 的智能化设备（手机、家电、汽车……）中，24×7 小时陪伴在用户身边。

（4）开放平台："个人助理 +"不是独立运作的服务；面向厂商，"个人助理 +"可以被深度定制；面向服务商，"个人助理 +"的智能化接入建立起了从终端用户到实际业务的一座桥梁。

"个人助理 +"在手机端有多种激活方式："个人助理 +"主动、用户主动+"个人助理 +"预测、用户主动，以下举例来说明。

人们的手机端、Pad 端、云端会保存成千上万张图片，尤其是旅行、自拍更加剧了图片数据的飙升，日常寻找指定图片时令人十分头疼，"个人助理 +"会发现你的需求，并询问："你在找什么照片么？"用户输入文字告诉她："过年的时候在三亚潜水的那些。"聪明的"个人助理 +"会根据时间标签迅速找到最符合

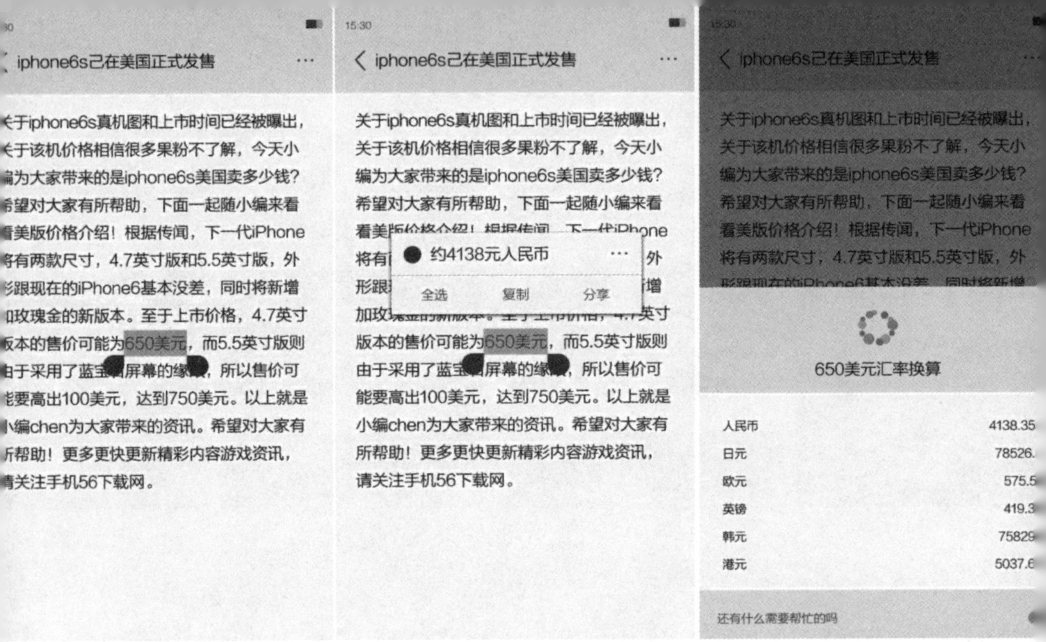

图 63　　"用户主动 + 个人助理 + 预测"方式

资料来源：YunOS，阿里研究院。

你描述的照片，让操作更简单、体验更轻松。这是基于"个人助理 +"的图片识别技术，魅族、朵唯两个品牌手机装载 YunOS 和"个人助理 +"，运用深度学习算法，能够对用户相册中的每一张照片自动打标签、分类，并根据日期、地点、类别进行搜索。

　　人们每天都会在移动终端上阅读新闻与评论，当用户发现 iPhone6s 在美国发售时十分兴奋，随即标亮美元售价，"个人助理 +"预测到用户想了解非美元报价，所以立即根据实时汇率显示出折合人民币等币种的参考价格。

　　用户唤醒"个人助理 +"，"个人助理 +"友好地打招呼："Hi，有什么可以帮你的吗？"用户告诉她："现在 Kickoff，来首大气的歌吧"，"个人助理 +"按照用户以往的音乐喜好在网

图 64 "用户主动"方式

资料来源：YunOS，阿里研究院。

上搜索并推荐了《欢乐颂》，并实时播放出来。

总而言之，以"个人助理 +"为代表的个人助理类产品具有以下几个发展趋势。

（1）联网"服务化"（TaaS）：所有电器终端的联网功能将成为默认标配，硬件即服务（Thing as a Service），万物互联后每个节点都会接入多项互联网服务。

（2）与 OS"一体化"：智能助理与操作系统融合为一体，赋予每个 OS 基本智能，且能够调用更多硬件终端的底层功能，例如阿里"个人助理 +"与 YunOS 融合、微软小娜与 Windows 融合。

（3）"人格化"：智能助手引入人格化设计概念，拟人的机器与人类自然交互。

（4）"以人为中心"：在线个人助理能够感知人所在位置变化，跨设备、跨场景提供恰当的专属服务。

（5）"平台化"：人工智能平台化，通用版个人助理开放API 接口，ISV 与创客能够针对特定商业应用场景，定制开发出具有专业性服务能力的智能专业顾问，应用在接待、客服、政务、挂号等标准化问答场景中。

（6）"人机协同"：针对机器无法处理的O2O 需求，以"人+AI"协同模式共同提供定制化服务，解决长尾非标需求。

"个人助理+"正在通过语音、文字、图片来学习这个真实的世界，基于用户行为数据理解人们的需求，用更好的体验提供最准确的综合服务。在智能家居环境中，"个人助理+"会成为你离不开的"她/他"，"个人助理+"是比你的男朋友/女朋友更懂你喜好的"小秘书"，指挥调动家内外的一切服务设施照顾你的起居生活：早上，"个人助理+"会用智能咖啡机为你做出最爱喝的香浓卡布奇诺，在你上班时用智能安防监控保护你的小家、帮你喂食宠物；在你下班驾车回家时，智能汽车中在线播放着你爱听的"虾米音乐"，利用"高德地图"躲避拥堵一路畅通；到家时，智能空调、智能空气净化器已经提前启动将温湿度、空气质量调整为最舒适的氛围，"个人助理＋"计算你回家的时间指挥智能电饭煲、智能慢炖锅，按照"云食谱"，为你做饭、煲汤，进门即吃；酒足饭饱之后，智能热水器为你在浴缸中放好热水；换下的衣服让智能洗衣机清洗就好了；当你洗完澡，卧室温度调高，智能窗帘自动拉上，连接"天猫魔盒"的智能电视在"优酷土豆""华数传媒"的海量影视库中查找播放你在追看的热门电视剧；夜色已深，"个人助理＋"定时调暗智能灯光，提醒你入睡……在周末节假日，"个人助理＋"会为你和家人在"淘宝电影"上购买好你感兴趣的电影票，联系"快的打车"叫车到楼下，如果智能汽车发现一同回家的亲朋人数较多，"个人助理＋"马上联系"口碑网"恰到好处地送来适合大家聚餐的美食外卖，在你外出玩耍时，主动替你抢购一直关注的促销商品、收签"菜鸟物流"的快递包裹，为你在"淘宝旅行"上预订酒店、景点门票、联络驴友……24×7小时无所不在的智能小秘书"个人助理＋"随时为你主动服务，感知需求、实时查找、对比分析、交易支付、监督保障、故障维修，而你仅需发出指令、做出最终决策，即可享用一切。

3.1.5 阿里物联云：云端套件

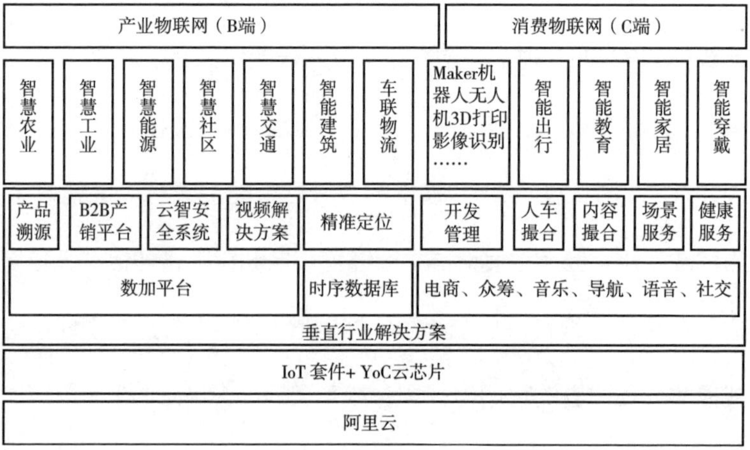

产业物联网（B端）							消费物联网（C端）			
智慧农业	智慧工业	智慧能源	智慧社区	智慧交通	智能建筑	车联物流	Maker机器人无人机3D打印影像识别……	智能出行	智能教育	智能家居 智能穿戴
产品溯源	B2B产销平台	云智安全系统	视频解决方案	精准定位		开发管理	人车撮合	内容撮合	场景服务	健康服务
数加平台				时序数据库		电商、众筹、音乐、导航、语音、社交				
垂直行业解决方案										
IoT套件+ YoC云芯片										
阿里云										

图 65　YunOS 产业物联生态图

资料来源：阿里云，YunOS，阿里研究院。

互联网、宽带 / Wi-Fi、云计算、大数据、智能机、传感器这些 DT 技术群的逐步成熟，孵化出遍地开花的物联网产业应用，所以说 IBM 过早提出了"智慧地球"却无法低成本向社会普及，"中国制造 2025"引导的智能制造恰逢其时。如图 65 所示，不论在智慧工业、智慧农业、智慧能源、智慧社区、智慧交通、智能建筑、车联物流等产业物联网领域，还是在智能出行、智能教育、智能家居、智能穿戴等消费物联网领域，都能在阿里物联云平台上，通过"YoC 云芯片 +IoT 套件 + 行业解决方案"来帮助实现智慧行业的创新重构，让每一个行业的大中小企业都能够平等、便捷、高效地获得物联网行业改造方案，是阿里云平台的关键目标。整体平台对于产业界的赋能价值在于：①阿里云的大计算能力；②D＋平台[①] 的大数据能力；③ IoT 套件的物联网能力；帮助垂直行业服务商，打造"互联网＋"时代的产业解决方案。

相对互联网行业，物联网行业产业链较长，芯片架构、芯片厂商、第三方设计室、整机厂、工业设计、品牌商、渠道商，较高的技术门槛造成了产业链的逐层专业分工。在目前没有形成业界统一物联网技术标准的环境中，如何针对不同行业需求特点，选择最好的产业组件，定制出成熟领先的一体化技术解决方案，成为令所有行业服务商左右为难的挑战。

物联网由于不同行业的特定场景不同，造成物联设备组件差异性较大，但除上层特色应用[②] 外，底层通用功能占比较大，所以阿里云开发出"IoT 基础套件"，包括管理控制台、数

---

① D+ 平台：又称"数加"，提供医疗健康、智能交通、电视传媒、O2O 商铺等行业的大数据服务，https：//shuju.aliyun.com/solution。

② 特色功能：业务应用、应用管理、数据存储、数据分析、监控分析、远程控制、售后服务、管理分配、用户互动、人群社交、告警显示等。

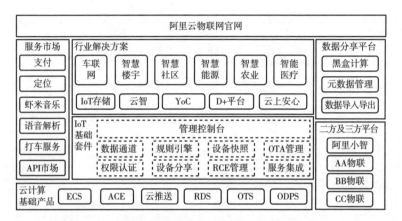

图 66 阿里云 IoT 套件架构图

资料来源：阿里云，阿里研究院。

据通道、规则引擎、设备快照、OTA 管理 [①]、权限认证、设备

分享、RCE [②] 管理、服务集成等，配套 YoC 云芯片，整合底层

的云计算 / 云存储 / 数据分析平台，上层的阿里云物联网官网，

联合阿里系服务市场（蚂蚁金服支付、高德 / 千寻定位、虾米

音乐、"个人助理 +"语音解析、打车服务等），共同构建出物

联网平台的综合服务能力，而由解决方案商基于云端迅速开发

出行业特色的创新应用，抓住瞬息万变的垂直市场机遇，同时

兼顾第二方、第三方平台物联网设备的自由选择。

---

① OTA：在线固件升级。
② RCE：远程代码执行管理。

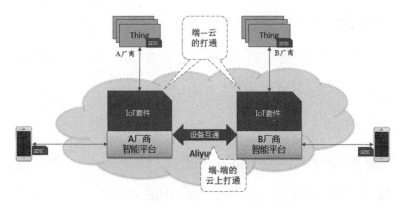

图 67　阿里云 IoT 套件工作示意图

资料来源：阿里云，阿里研究院。

IoT 套件就是物联网的操作系统，采用"两端一平台"模式。

（1）智能平台：不论是哪一家厂商的智能平台，都可以与 IoT 套件相融合，并且在跨厂商的智能设备间互联通信，实际上是"端到端"的云上打通，让企业用户、个人用户享受到统一整体的物联网解决方案。

（2）智能设备端（简称 D 端）：不同厂商不同型号的设备嵌入阿里云的 SDK，实现与 IoT 套件的标准通信与控制，将"端到云"打通。

（3）智能手机端（简称 M 端）：在用户手机上，嵌入阿里云的 SDK，实现手机控制 D 端的状态数据查询、分析，保证

"端到端"（M 端到不同的 D 端）的打通。

在德国"工业 4.0"、美国"工业互联网"与"中国制造2025"的产业升级浪潮中，众多中国中小制造企业资金有限，无法用国外昂贵的智能制造生产线全部替换原有工厂设施，就可以考虑采用性价比很高的"物联云 +IoT 套件 + 工业解决方案"，在原有生产线上，通过"外部插件式升级"模式，保护已有投资，快速实现智能升级。

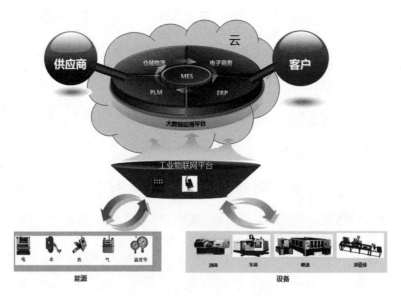

图 68　工业物联网平台（示例）

资料来源：YunOS，阿里云，阿里研究院。

3.2 智能生活："硅蜂巢"

正如凯文·凯利在《失控》中所说，互联网正在构建去中心、自组织、自管理、弹性、自学习、可进化的"蜂群式王国"。正在逐步变为现实的智能家居，就是由各种各样的硅基云芯片驱动的智能设备，为我们提供半自动、全自动的服务。这些越来越多的"智商不高"的智能终端像蜜蜂群落一样，形成整体上的高阶智能，呈现出联动的"蜂群思维"模式。

2015年4月，由阿里智能云、淘宝众筹、天猫电器城共同组建而成的"智能生活事业部"，承载着"让控制成为过去，让设备自主智能，让用户只需享受"的美好使命，通过每一款家电产品的智能升级，改变每个人的生活体验与幸福感。

"阿里智能平台"已经成为国内少有的成熟智能平台，具备全链路开放服务能力，从智能模组植入、设备端互联、APP界面开发、云端大数据处理，到智能解决方案一站式服务，是一个真正名副其实的智能开放平台。它拥有强大的数据处理能力，已经与国内外500多家品牌厂商进行了数据共享，帮助商家更好地去了解他们的消费者家电使用习惯，用创新的方式挖掘和

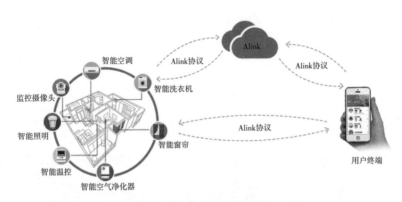

图 69　阿里智能生活整体解决方案

资料来源：阿里智能生活，阿里研究院。

发现消费者需求，用最先进的智能解决方案持续加速产品迭代更新。阿里智能期望与商家、与行业形成更紧密的联系，共同持续推动行业变革。

阿里智能物联整体解决方案是多端、互联、快捷的"云 ＋端 ＋APP"模式，以"Alink 协议"连接云和端，以"智能云"支撑多元化的智能终端，以"阿里智能"APP 作为统一入口操控智能产品。

如图 70 所示，阿里智能生活生态圈由内容服务层、云平台服务层、网络服务层、智能设备层、APP 操作层组成。

（1）内容服务层：发挥阿里内外部内容资源优势，为智能生活产品提供全网丰富的音乐内容（如在线音乐库）、环境内容

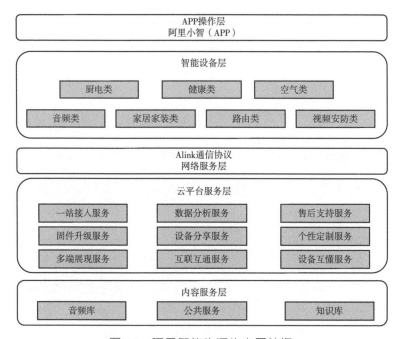

图 70　阿里智能生活生态圈结构

资料来源：阿里研究院。

（如气象数据）、知识内容（如"云食谱库"）等外部生活服务。

（2）云平台服务层：阿里智能云为传统硬件商家、物联网开

发者提供成熟的开发平台，实现用户与设备、设备与设备之间的

互联互动，以全方位的专业服务帮助智能物联开发者实现更低的

成本、更短的时间、更高的安全、更丰富的数据、更成熟的标准、

更个性的定制，助力硬件产品在智能化之路上快速进化发展。

（3）网络服务层：物联网络协议是智能化的第一步，物联 SDK（含 Alink 协议）成为智能产品、智能云、用户终端三方之间通信服务的技术基础。

（4）智能设备层：在阿里智能云上承载着 7 大重点品类，近 40 种智能硬件产品，为家电合作伙伴提供厨电、健康、空气、家居家装、路由、音频、视频安防领域的定制智能方案，共同开发、推广、销售。

（5）APP 操作层："阿里小智"APP 是消费者配置、操控智能产品的统一入口，由智能产品厂商进行操控功能配置或复杂定制。

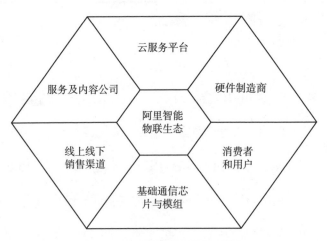

图 71　阿里智能物联生态圈

资料来源：阿里研究院。

法和云计算的优势，快速整合智能烹饪的行业资源，例如美食达人、专业美食培训机构、美食网站、食材和烹饪工具电商渠道，形成智能烹饪的O2O生态链，帮助厨电行业快速推进产业的智能化。

（2）阿里智能厨电服务

阿里智能将海量美食食谱从"纸上谈兵"变为"触手可得"，让你借助智能厨电获得烹饪达人的厨艺水准，让每个家庭的烹饪爱好者和家人都能享受云上新潮美食。

1）一键烹饪：通过阿里智能APP，向烹饪爱好者提供海量

图72　阿里智能美食生态图

资料来源：阿里智能生活，阿里研究院。

的云食谱，"一键烹饪"功能降低每一位"吃货"制作美食的门槛。

2）美食达人：每一位"家庭大厨"都能够将自己的独门私房菜（食谱）上传到阿里智能云平台，成为"一键烹饪"的云食谱，分享推荐给成千上万的用户使用，成为"美食达人"。普通用户还可以和美食达人交流互动，享受美食制作的诸多乐趣。

3）食材上门：为家庭用户搭配云食谱专属的食材包和烹饪工具，用户可以在阿里智能APP中一键购买。

众多美食达人在智能生活平台上，利用各种智能厨电，不

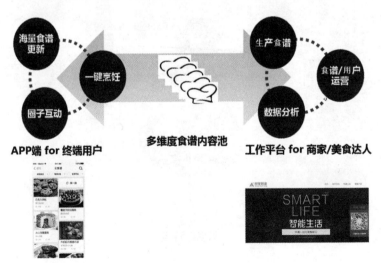

图 73　云食谱

资料来源：阿里智能生活，阿里研究院。

断贡献新美食的烹饪方法，在云端形成海量的"多维度食谱内容池"，各种"吃货"在APP上挑选最爱吃的"云食谱"下载到自家智能厨电后，就能享用"一键烹饪"功能了。

而对于传统厨电企业，将自家产品升级至智能厨电快速便捷。

1）快接入：提供了烹饪类厨电完整的成熟智能化解决方案，厂商接入最快一个月即可完成。

2）集成服务：专业的智能集成服务商可以协助厂商接入阿里云食谱服务。

3）内容服务：专业的云食谱内容服务商（如豆果美食、好豆菜谱），可以帮助厨电厂商实现云食谱的创意、生成、测试、发布及后期的云食谱内容运营。

4）衍生服务：专业的食材和烹饪工具电商合作伙伴，为厨电厂商（如天猫食品、喵鲜生、汇吃）通过售卖食谱衍生的专属商品，实现衍生品收益。

5）达人圈：阿里智能云平台提供丰富的"美食达人"资源，帮助厨电厂商不断推出更多有吸引力的云食谱。

6）平台服务：厂商后台为厂家提供了完善的云食谱发布、

| 控制面板首页 | 云食谱列表页 | 我的食谱-收藏 | 我的食谱-最近使用 |

图 74　阿里"云食谱"APP 界面

资料来源：阿里智能生活，阿里研究院。

调试、用户反馈跟踪、大数据分析的功能。另外，能够为厂商提供淘宝天猫上海量的用户营销资源。

（3）成功案例

厨电行业巨头美的集团在厨电智能领域已经有数年的前期积累，2015 年下半年与阿里智能生活达成全面合作之后，短短一个月内即完成了电烤箱、微波炉、电饭煲、压力锅等核心品类的"智能化"全面升级接入，并在天猫电器城"9·22"大

图 75　美的 WQS50C1XM 电压力锅

资料来源：阿里智能生活，阿里研究院。

促销中强势亮相，以亲民的价格和云食谱易于感知的用户价值，获得了优秀的销售业绩。

随后，从天猫电器城的用户评价和阿里智能的云食谱使用评论来看，云食谱所传递的"一键智能烹饪"理念，得到了移动互联网时代"原住民"80后、90后消费者的普遍欢迎，很多消费者在积极参与尝新体验后，与其他用户在食谱讨论区中热烈讨论和交流，并与厂商的美食专家在线互动，学习美食制作中的小窍门。云食谱的一键制作新功能，也带来了用户的口碑传播和二次购买，不少用户在商品评价中，明确提到要向自己的朋友推荐，从大促销后的销售数据跟踪中，也能看到相关产品保持了稳定而持续的销量。

3.2.2 智能健康：你的专属"健康顾问"

（3）现状分析

中国智能家用医疗健康设备市场仍处于起步阶段，到 2015年末，其市场规模估计只有 11 亿元，2016 年以后将进入快速发展阶段，市场规模较上一年成倍扩大，预计在 2017 年将会出现小爆发，市场规模将达 90 亿元。

1）政策支持

2012 年国家卫计委发布《健康中国 2020 战略研究报告》，推动移动医疗和相关智能硬件发展。2014 年 6 月，《医疗器械监督管理条例》修订，完善分类管理制度、简化审批流程、监管模式，实行"先产品注册、后生产许可"，促进了智能治疗更快的发展。

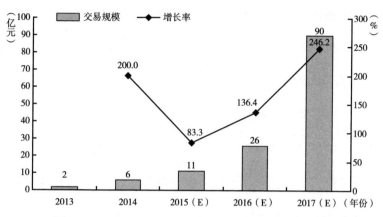

图76 中国智能家用医疗健康设备市场规模预测

资料来源：易观智库。

2）市场环境

中国经济发展迅速，居民可支配收入，尤其是城镇居民可支配收入持续增加，生活水平提升，医疗保健意识增强，疾病预防需求增加，从而促进医疗健康终端设备行业的发展。

中国目前社会人口结构日趋老龄化，空巢老人现象严重。逐年增长的各类慢性病人群，及日益增长的医疗健康支出，是购买医疗健康设备的重要驱动力。面向老年人的医疗健康市场潜力巨大。

3）科技进步

随着近年来互联网、智能手机、医疗传感器等技术的普及，大数据和云服务发展迅速，未来用户获得基础医疗服务的成本更低、更方便。

（2）阿里智能健康服务

阿里智能健康希望建立一个以"人"为中心，综合用户所有智能健康设备数据，整体分析该用户的健康状况，并提供对应医疗服务的闭环方案，将打破原有的智能硬件"单一终端对应单一APP"的使用方式。

1）收集个人综合数据

通过智能健康秤，可以收集到用户的体重、体脂率、肌肉量、水分、骨量等数据；通过智能血压计，可以收集到用户的

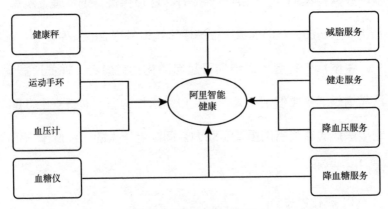

图 77　阿里智能健康生态

资料来源：阿里智能生活，阿里研究院。

舒张压、收缩压、脉搏等数据；通过智能血糖仪，可以收集用户的血糖值；通过运动手环、手表，可以收集到用户的步行、跑步、睡眠时间等数据；对这些数据进行综合分析，可以对用户的健康状况提供更好的建议。

2）家庭成员健康管理

通过手机终端，可以对家庭其他成员的健康进行管理，在异地也可以查看家中父母长辈的血压、血糖数据，实时关心家人健康状况。

（3）成功案例

基于阿里智能平台，怡成血糖仪实现了用户健康数据的云端管理。通过对用户的血糖值数据分析，实时监控用户的健康状况，做好慢病管理，例如提醒用户按时服药、合理休息。

产品功能还在持续创新，为了更好地通过运动来调节用户血糖值，推荐搭配健康秤、运动手环、手表联动使用，以帮助用户更多关注运动数据，保证体重、体脂率等健康指标转好，最终实现调控血糖的"慢病治疗"目标。

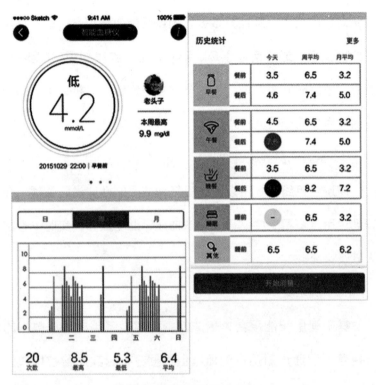

图 78　怡成血糖仪 5D-8B

资料来源：阿里智能生活，阿里研究院。

3.2.3　智能音频：将全网音乐搬回家

（1）现状分析

过去十年以来，音频和视频相比一直退居二线。越来越大的电视屏幕，电影和电视剧集的激增，以及智能手机和平板电脑等移动设备的崛起，让人们甚至可以在走路的同时观赏各种视频内容。这些无一不使得音频的发展蒙上了一层阴影。

但移动设备崛起给音频带来了一个新的转机，就是激发了人们对无线音响的强烈需求。它可以让你轻松播放从音乐到手机通话的任何音频内容。首先出现爆发的是蓝牙音响，根据中国电子音响行业协会的数据，2014年音响全年产量为3.5亿台，同比增长1.3%，产值为341.2亿元，同比增长16.0%，出口量为2.7亿台，同比增长0.1%。整个音响市场增长空间有限。同时期，根据淘宝的销售数据，蓝牙音响有300%以上的增长，在整体行业增长不大的情况，蓝牙音响有明显爆发式增长。

虽然蓝牙音响让大家爱不释手，但由于蓝牙传输距离的有限性和独占性，用户用手机播放音乐时，不能离开一定的距离，也不能同时播放其他的有声源。相比之下，Wi-Fi音响则没有这样的问题。凭借在线资源的丰富、聆听的多样性和更强的互动性，Wi-Fi音响越来越受用户喜欢，出货的数量也是快速增长，预计2016年会有一轮爆发式增长。

（2）阿里智能音频服务

阿里智能提供了整套的音频解决方案，包括

- 云端服务：包括音频内容源、语音识别、物联云；

- 接入服务：包括音频云 SDK、语音云 SDK、IoT SDK；

- 配套 APP：实现设备联网、配置，播控及管理功能。

智能音频最大的特点如下：

1）丰富的音频源

已经与虾米音乐、豆瓣电台、喜马拉雅、天天动听、蜻蜓 FM 和荔枝 FM 六大在线音频平台合作，可提供 1200 万首海量音乐、2000 家无线电台选择和 150 万小时音频栏目的海量内容资源。用户无需再依赖手机和电脑的音乐库，通过 Wi-Fi 连接即可启动阿里智能强大的资源，从云端源源不断给你最佳听觉享受。

2）智能语音输入

对原有的交互进行了一系列的优化，其中最突出就是"语音点播"功能，可以直接通过语音完成搜寻播放。这采用了和 Apple Siri 一样的手动语音交互开启模式，当用户说出需要的歌曲、专辑、艺人名称、音频栏目或者广播电台，音箱将反馈云端搜索结果，并自动播放搜索结果中匹配度最高的音频内容。

3）智能推荐

"我的收藏"功能还可以实现"猜你喜欢"的智能推荐功能，根据用户的收藏内容，快速了解用户的喜好，为其"量身定制"音乐体验。无须用户主动搜素。

4）多个音源输入

用户获得多个音源输入，除了可以接入互联网的 Wi-Fi 云音乐信号源外，还配备有蓝牙连接和 Aux 连接，完全满足各种听音方式。内设的 4G 存储，能够缓存近 400 首歌曲，即使在断网的情况下，依然能播放音乐及音频内容。

（三）成功案例

2015 年 8 月，飞利浦和阿里智能强强联手，正式发布全球首款飞利浦智能无线音响。这款昵称"小飞"的智能无线音响是飞利浦与阿里智能合作，通过"硬件 + 软件 + 内容销售"，官方售价 599 元，单独作为一个无线音响来说，音质表现已经足以值回票价，而且加入了智能推荐、语音识别，还有丰富的音频资源可用，支持虾米音乐、豆瓣电台、喜马拉雅、荔枝 FM、天天动听以及蜻蜓 FM 的海量平台资源，并且通过登录账

图 79　飞利浦"小飞"智能音响

资料来源：飞利浦，阿里智能生活，阿里研究院。

号直接同步用户之前的音乐喜好数据，日常使用非常便利，成为年轻人的"家居潮电"，和老年人简单易用的"音乐小伴侣"。

3.2.4　智能空气：主动呵护家人的健康

（1）现状分析

1）环境问题日趋严重

中国仅一成城市室外环境达标，室内污染更胜室外。

国家统计局发布的《2014年国民经济和社会发展统计公报》显示，2014年在按照《环境空气质量标准》（GB3095-2012）监测的161个城市中，城市空气质量达标的占9.9%，未达标的城市占90.1%；在2015年第一季度的90天里，全国74个城市空气质量未达标的平均天数为36天。

柴静的一席"穹顶之下"，将环境问题推到风口浪尖。而事实上，室内的污染程度远超室外污染的5倍之多，人类有68%的疾病都与空气污染有关。

只有不到半数的住户居住在舒适的室内环境中。

中怡康的调查数据显示，在专业仪器对室内空气"温度、湿度、洁净度、风速"全面测试下，98%的住户家庭空气夏日白天自然常温在28℃以上，只有38%的住户家庭空气湿度在40%~60%的舒适区间，55%的住户家庭空气PM2.5浓度超过75微克/立方米（我国PM2.5标准值），58%的住户家庭空气甲醛浓度超过0.08毫克/立方米（我国居室空气中甲醛的卫生标准），77%的住户家庭空气风速测试为0（无流动）。

2）中国空净市场空间巨大

随着环境问题日益受到关注，环境电器市场异军突起，并形成巨大的发展空间。仅空气净化器这一品类，2014年零售市场规模就比2013年增长75%，2015年增长虽有放缓但仍有接近30%的增长。在空气较好的欧美国家空气净化器的普及率都达到27%，日本为17%，与中国相邻的韩国则高达70%，而在我国普及率不及1%。如不能有效提升全民健康防护或从根本上消除污染源，不良健康状况将会转化为巨大的社会保障问题与负担。

在阿里智能平台的赋能影响下，空调行业改变巨大。2015年"双11"，智能空调销售额同比增长909%，在空调销售额的占比从2014年的7%跃至34%。通过与阿里智能的合作，奥克斯、科龙等品牌厂商率先完成了生产线的智能化改造。

3）中国家庭与企业急需系统的空气管理解决方案

面对巨大的发展空间，行业规模不断膨胀，消费者在室内环境电器的选择和使用上却面临诸多问题。从选择上来讲，消费者面临着诸多品牌、价格、功能等多种选择难题；从使用上来讲，什么是一个适宜的生活环境，该如何更科学、有效地使用各种电器治理室内环境都是消费者面对的门槛与困惑。

现在大众市场祈盼系统的"空气管理解决方案"一站式科学解决室内环境问题。

（2）阿里智能空气服务

阿里智能云提供的"空气云服务"由"阿里智能APP＋空气云＋环境设备群"组成，核心目标在于降低用户使用环境电器治理室内空气的门槛，同时提高用户对于室内外环境问题及自身舒适性的关注度。

空气云关注室内的PM2.5、CO_2浓度、湿度、温度等和空气质量及人体舒适度相关的核心数据。空气检测仪、空气净化器、

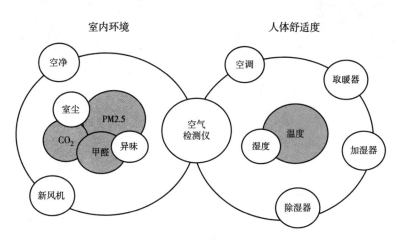

图 80　阿里智能空气服务体系

资料来源：阿里智能生活，阿里研究院。

空调、取暖器、加湿器、除湿器构成了空气云可控制的设备群。

通过"阿里小智"APP获得家庭位置、实时室外环境数据、用户地理位置，家庭成员属性和用户行为偏好，结合环境设备群采集的实时室内环境数据及设备工作状态，经过智能计算在"阿里智能云"上展现可视化的数据情况和工作状态，并且将控制指令传达到环境设备群进行智能控制。

阿里智能空气管理方案主要包括以下4个部分：

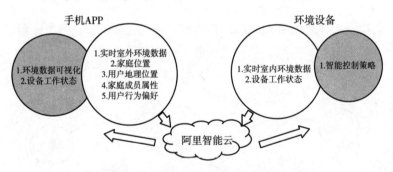

图81　阿里智能空气服务架构

资料来源：阿里智能生活，阿里研究院。

1）智能调控：实时监控、智能联动——提供科学、高效的室内环境管理方案

经过大量用户行为的分析，我们发现不少用户面对糟糕的

室内环境并不知道应该如何科学高效地使用智能设备，改善室内环境提高人体舒适度。普通用户往往走向两个极端：①采用自动挡位无目的地开机运行，造成能源的浪费；②直接放弃使用，将设备闲置。

"阿里智能云"时时监控室内外环境数据，并给出科学、高效的控制方案。这个方案不是单设备的，而是多设备联动起来。比如根据实时 PM2.5 数据，当 PM2.5 大于 100 数值时开启净化器净化，当 PM2.5 低于 50 数值时关闭净化器；夏天开启空调往往面临干燥的问题，当室内湿度低于 60% 时自动开启加湿器，使湿度维持在 60%~70%。多款环境保障设备通过云端算法策略智能联动，始终调控室内温度处于人体最舒适的恒定温湿度范围内。

2）自学进化：90 天自学习——提供满足用户生活习惯的个性化管理方案

中国不同地区的每一个家庭都拥有不同的生理特点和生活习惯。智能空气设备前期进行 90 天左右的"自学习"，"阿里智能空气云"会成为满足家庭个性化需求的"专属管家"（管理云）。比如根据家庭的作息时间自动开关设备，或记录这个家庭在不同温度、湿度环境下的舒适设定，对空调进行自动控制等。

3）数据可视化：让人们关注看不见的危害

环境问题通常是逐步侵害健康，当人们有明显感官感知时往往已经到了非常严重的程度，通过实时数据和历史数据的直接展现和可视化表达，将这些被人们忽略的问题更有效直观地展现，可以提高人们对于环境问题和自身舒适度的关注。空气净化器滤芯自身的污染程度容易被用户忽视，使用被污染的滤芯非但不能净化环境反而造成了室内环境的污染。通过算法动态计算滤芯的实际使用寿命并用图形进行直观地展现，在快到期前提醒用户进行"一键购买"和更换，避免用户错误地使用设备，对于商家来说则是提高了耗材的购买率，更从一个侧面证明了设备的净化效果。

4）效果导向的控制：用户只需要关注最终想要的效果，降低控制门槛

现在的家电操作属于功能控制型，由用户来直接操作设备的开启、档位、模式等。"阿里智能空气云"提供的管理方案中，用户只需要告诉云所要的效果，控制方案由空气云通过算

法自主计算而来。比如用户只需要告诉阿里智能空气云"维持室内湿度在 60%~70% 之间""我冷了""保持室内 PM2.5 始终在 50 以下"，设备该怎么工作，是单设备还是多设备共同来控制都交给"阿里智能空气云"来调度管理。

（3）成功案例

首台搭载阿里智能空气云的空气净化器为"净美仕M8088A"，2015 年 5 月由天猫首发。除了进行实时的环境数据展现、滤芯寿命计算之外，这款空气净化器还针对儿童、新装修、普通用户，提供定制的睡眠场景、全天智能监控场景及居家场景。

· 睡眠场景：在入睡前通过实时的计算，启动预净化机制保证在入睡前室内环境达到优秀状态，在入睡中保持实时监控并在需要的时候采用低噪音净化。

· 全天智能监控场景：针对新装修用户全天净化的特点，主打节能和高效治理。

· 居家场景：面向更多的普通用户，当检测到用户回到家中则自动开启设备进行监控及治理工作，当用户离开家中自动关闭设备。

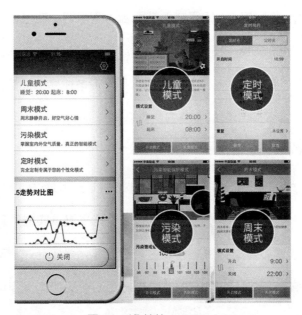

图 82　净美仕 M8088A

资料来源：阿里智能生活，阿里研究院。

目前夏普、亚都、TCL 等空气净化器均已载入"阿里智能空气云"方案。

3.2.5　智能家居安防：安心居家，放心出门

（1）现状分析

安全需求排在马斯洛需求层次理论的第二位，是人民群众

的基本需求，家居安防系统正是满足民众安全需求的重要手段。家居安防起源于专业安防产品的民用化，是安防行业新的发展方向之一，重点关注家庭、小型商铺和小型公司的安全需求。

中国家居安防市场刚刚兴起，相比邻国和发达国家，产品设备和服务都有极大的市场空间。比如，韩国的指纹锁用户占到所有家庭用锁市场份额的80%以上，而中国的指纹锁市场占有率尚不足1%；欧美家庭家居安防系统覆盖率达到85%以上，而中国的家居安防系统只能在少数的精装修房看到。这是由于国外家居安防发展的历史很久，产品供应商、方案商、服务商的体系都比较健全；而中国民众大多刚刚满足住房的需求，刚刚开始提升居住品质的发展阶段。现状是产品供应商设计的产品主要是面向专业市场的，方案商对于家居安防的理解刚刚起步，服务商更是还未涉足家居安防领域。

云计算和智能手机的兴起使家居安防系统具备了大规模推广的条件，云计算大大简化了家居安防系统对专业安装商的依赖，智能手机大大降低了家居安防系统触达用户的成本和用户理解成本。试想，家庭用户只需要买一个门磁，经过简单的安装和配置，就能从手机上了解到家里的门窗有没有关好，有没有人破窗而入。既简单又实用，而且大幅降低了产品安装使用成本，市场需求空间会被极大激发。参照成熟国家的家居安全设备市场，中国家居安全智能设备（包括智能锁、门磁、摄像头、各种传感器）市场空间极大，全国市场规模可达数十亿元设备量级。但要打开这块市场，需要产品设备商、云计算方案商、安保服务商协力共同开拓。

（2）阿里智能家居安防服务

阿里智能云提供的家居安全方案由阿里智能 APP、安全云服务和家居安全设备群组成，其核心目标是降低用户使用家居安全类产品的整体成本，打通各家设备厂商之间的协议体系，形成用户强感知的智能应用场景，最终推动家居安全产品设备商、安保服务商共同打造终端消费者常用、易用、好用的方案和服务。

家居安全产品核心设备群包括：智能门锁、各类传感器（人体感应器、门磁、燃气监测、烟感探测等）、智能摄像头、灯光系统以及物联网关，其外围设备群还有窗帘控制器、浴霸、热水器等产品。

阿里智能云服务打通各个设备之间的协议体系，实现跨厂

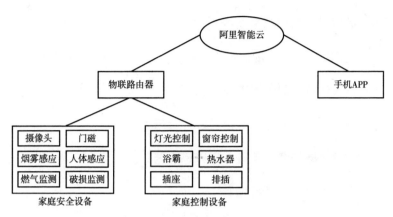

图 83　阿里智能家居安防体系

资料来源：阿里智能生活，阿里研究院。

商、跨品类的产品联动，进而构建更加方便、实用的家居安防应用。

场景案例一：回家场景

回家前：系统智能判断主人到家的时间，提前打开客厅的空调和新风系统，等候主人回家。

打开家门：智能锁触发，安防系统关闭，室温已经调节适宜。

灯光系统：根据室内光线强弱，调节到最适宜的生活场景光照环境。

场景案例二：离家场景

关门时：一键布防，安防系统开启，客厅摄像头进入监控状态，人体感应器进入工作状态。

窗磁自动判断窗户是否关好并提示主人。

自动关闭空调、新风、灯光等电器。

场景案例三：睡眠场景

床头一键开关，开启睡眠模式，关闭所有灯光；客厅安防系统进入工作状态，卧室安防系统关闭；晚间起夜时，小夜灯自动亮起并于半小时后关闭；空调空净进入睡眠工作模式。

不仅仅是上面描述的系统场景应用，阿里智能云提供的服务还使得单独一个安防设备也可以通过接入兼容阿里智能云协议的网关设备（路由器、专业网关等）有效触达消费者，实现真正的即买即用，再不需要专业的安装和布线。

（3）成功案例

阿里智能与凯迪仕、曼申等推出了智能门锁。首台搭载阿里智能云系统的智能锁是曼申云智能锁。这个项目于2015年10月启动众筹，短短一个月的时间，众筹金额超过1300万元，众筹支持人数近3万人。搭载了阿里智能云系统的曼申云智能

图 84　曼申云智能锁

资料来源：阿里智能生活，阿里研究院。

锁支持多种用户感知度强、使用频次高的应用。

2015 年"双 11"，"曼申智能锁"再创佳绩，众筹单日销量高达 1500 多万个，线下销售额超过 1000 万元，一举引爆智能锁行业。"曼申现象"的出现，引来智能锁行业纷纷向阿里智能伸来橄榄枝。

儿童放学回家监督和监护：

智能锁能根据孩子的进出门记录，监督孩子是否按时回家，或者感知人身是否安全，从而起到监督和保护的双重作用。对于"上班族"家长来说，从 APP 上看一下孩子回家通知，这种方式既自然又方便。

老人健康作息管理和监护：

中国的老人有很大比例都是不跟儿女住一起的。如果安装上智能锁，儿女能够通过每天家里老人开关门记录得知老人活动的情况，从而推断出老人作息是否正常，是否外出活动，降低无人看护时老人出事的概率。

家庭安防管理系统应用：

智能锁是家居安防系统的重要核心设备之一，围绕智能锁搭配上门磁、人体感应器可以准确知悉家居安全状况。长时间外出的时候，这些设备就像守护神一样守护着每一个进入房屋的入口，确保家居安全。

基于家居安防系统，还将引入面向大众的安保服务体系，确保在主人无法及时赶回家的时候也能从容应对突发性安全事件。

3.2.6　智能路由：为智能家居打造的网络中心

（1）现状分析

世界经济论坛最新发布的《深度变革：技术引爆点和社会

影响》研究报告预测："2024年，接入互联网将成为一项基本权利""2020年，1万亿个传感器接入互联网，衣食住行的方方面面都会联网"，未来10年中全世界都将拥有常规的互联网接入，全球2/3未联网人群、1万亿个传感器的蓝海市场，将为智能网络设备带来巨大的发展空间。

国家工业和信息化部在2015年4月发布的数据显示，目前我国移动电话用户规模将近13亿个，移动互联网用户规模近9亿个，同比2014年增长5.7%。

1）移动互联网的发展带来了无线路由器市场的繁荣

移动互联网的普及，与移动应用用户规模增长密不可分，也反映出了用户对于网络应用的需求，2014年路由器年度总体销量超过8000万台。我们可以发现，上网已经成为现今中国社会一项极其重要的家庭和公共生活需求。

2）智能化控制和智能家居的发展为智能物联路由带来了广阔前景

移动互联网用户增长速度目前正在走低，但是用户对于网络、应用和智能化控制的需求正在向深层次扩张。智能家居近些年的爆发式增长，使得诸多与互联网相关的行业在近几年迅速走红。智能路由器和物联路由市场便是为满足用户深层次需求而兴起的。传统路由从单一的网络传输功能，进一步扩展成为用户提供更深层次服务的产品，在现代科技和互联网思维的渗透下成为商业价值无限的新兴市场。

3）传统路由企业急需系统性的智能路由解决方案

传统路由器经过十余年发展，各种终端设备的外形设计、硬件规格、配置参数均有质的变化，但是纵观路由器市场的变化，除了通信技术的改变，其他地方鲜有创新。实际上，传统路由器的发展已经进入一个瓶颈期，功能创新匮乏，市场保有量巨大，需要寻找新的市场突破点。

智能路由的发展前景则为传统路由的升级指明了方向。但是，由于智能家庭路由的市场刚刚出现，其商业模式并不清晰，所需整合的互联网内容和商业模式并非传统厂家优势所在，所以新型的智能路由器市场中更多的是创业型企业在参与。传统路由企业如果在商业模式不成熟之前便踏足智能路由器领域，则可能会面对高昂的机会成本。现在传统路由市场急需成熟的"智能物联路由解决方案"，以满足传统路由行业快速升级的需要。

（2）阿里智能路由服务

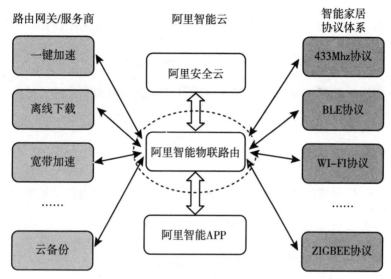

图 85　阿里智能物联路由服务

资料来源：阿里智能生活，阿里研究院。

阿里智能提供的智能路由网关方案由阿里智能 APP、阿里安全云服务、开放应用平台、路由网关设备群组成，核心目标在于降低用户使用路由等网关管理家庭网络的门槛，同时提供用户家庭网络安全管理，打通不同品牌路由网关类产品的协议体系，通过标准化、强用户认知的 APP 提升良好的网关场景使用体验，最终推动网关设备制造商、网络服务提供商、路由方案商共同建立一个智能路由网关生态。

阿里安全云重点关注用户家庭网络安全，通过阿里安全防火墙、防蹭网、防扫描、防破解、防黑客五大安全组件，利用阿里集团安全部强大云端安全库的大数据支持，提供国内最全面的钓鱼欺诈网站黑名单，保障日常网络使用的安全性；并由中继器、物联网关、智能路由器共同构成了一个基于家庭网络的网关设备群。

阿里智能APP通过引入第三方解决方案商为阿里智能路由开发更多应用，让广大用户体验到创新功能。

1）远程遥控：通过阿里智能APP，即使用户不在家中，也能远程查看路由器的运行状态，还可以远程关闭，或远程踢掉蹭网设备。

2）"一键优化"Wi-Fi网速：随着无线设备越来越多，设备之间的互相干扰容易将家中的网速拖垮，阿里智能路由通过APP一键优化Wi-Fi信道流畅状态，轻松提升网速，让网络优化不再是IT男的专利。

3）易安装：用户将路由器插上网线，即可自动识别家里的上网方式，手机连接路由器，自动弹窗引导完成上网设置和

Wi-Fi 设置，下载阿里智能 APP，全部功能一手掌握，从此设置不求人。

4）应用工具箱：强大的工具箱包含各种功能，包括网络优化、信号强度调节、设备提速、定时开关 Wi-Fi、重启计划、一键测速、专属网络、访客网络、去广告、游戏加速、视频加速等。应用工具箱正在持续不断地扩充新功能，每天都有新玩法。

另外，针对传统路由企业，阿里智能为其提供了快速方案升级至智能路由。

1）快速接入：提供了网关类设备成熟的智能化解决方案，

图 86　阿里智能物联路由功能

资料来源：阿里智能生活，阿里研究院。

传统路由厂家最快接入仅需 20 天。

2）平台服务：厂商后台为传统路由厂家提供了完善的设备注册、调试、用户反馈跟踪、大数据分析的功能。

3）营销支持：阿里智能为路由网关厂商提供阿里体系内丰富的营销资源。

（3）成功案例

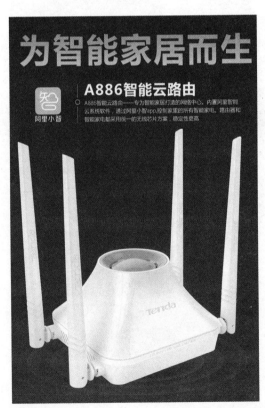

图 87　腾达阿里智能路由器

资料来源：阿里智能生活，阿里研究院。

网络设备行业领导厂商腾达在智能家居领域已经有数年的前期积累，2014 年下半年与阿里智能达成全面合作之后，短短一个月内即完成了 1200M 高端无线网络设备的"智能化"升级接入。2015 年，腾达一系列阿里智能产品成功上市；11 月，凭借着亲民的价格和绝佳的用户体验，腾达阿里智能产品单月销售突破 30 万台，获得了优秀的销售业绩。

腾达阿里智能路由器具有易用、实用、好用的特色功能。

1）儿童上网管理和监护：阿里智能路由器可以根据用户上网设备记录，监督孩子是否上网过度，并且让父母可以管理上网网速或者关闭设备上网，以达到管理和监护小朋友的上网行为的目的，这个功能对于日常上班族远离家庭的家长十分便利。

2）访客网络管理：有朋友来到家中做客，需要上网却需要输入各种复杂的路由密码，阿里智能路由通过 APP 能够快速建立临时 Wi-Fi 热点，让访客上网无忧。而且利用阿里智能提供的在网设备管理功能，还可以针对访客的上网设备进行管理。

目前，腾达、必联、高科、网件、睿因等路由器均已搭载"阿里智能网关方案"。

3.2.7 淘宝众筹：认真对待每一个梦想

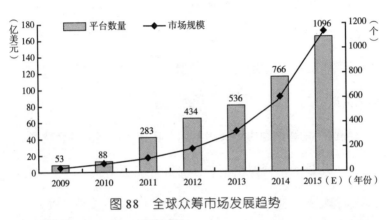

图 88 全球众筹市场发展趋势

资料来源：Tabb Group 研究成果。

如图 88 所示，2015 年全球众筹市场规模预计达到 170 亿美元，众筹平台数量超过 1000 家，众筹融资额年复合增长率为 80%（2015 年增幅 88%），众筹平台数量年复合增长率 66%（2015 年增幅 43%）。由此可见，全球众筹产业高速成长，从创新型业务走向成熟产业平台，从创新企业走入大型公司，从产品筹款转向风投决策支撑，从奖励众筹向股权众筹演变。

自从 2014 年 11 月李克强总理首次在政府工作会议上提

到"众筹"之后，社会的广泛关注让众筹从科技圈走进大众，2015 年，中国的"大众创业，万众创新"大潮涌来，众筹成为最火爆的商业模式，几乎所有创新团队都将众筹当作企业加速发展的重要工具。国外如 Kickstarter 等众筹网站在不断铸造科技传奇，VR 眼镜 Oculus 成功筹款 240 万美元，之后奇迹般被 Facebook 以 20 亿美元收购，成为全球众筹后市值最高的初创公司。

目前众筹具体分成四类：奖励众筹、捐赠众筹、债权众筹、股权众筹。从"淘宝众筹"所在的"奖励众筹"市场历史数据来看，如图 89 所示，奖励众筹持续加速发展，去除市场宣传

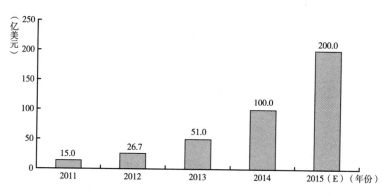

图 89　全球"奖励众筹"发展趋势

资料来源：淘宝众筹，阿里研究院。

因素，2013年、2014年、2015年近三年的实际年复合增长率为95.66%。

其中众筹平台经历了两个主要阶段。

（1）众筹1.0（梦想时代）：梦想与娱乐引领众筹项目。2013年"淘宝众筹"的前身"淘星愿"上线，在"双12"及后续活动中帮助林志颖、汪峰、李代沫等明星对接粉丝，成功筹办线下市场活动，在"众筹1.0"时代，"淘宝众筹"等众筹平台具有非常强烈的娱乐化、多元化特点。

（2）众筹2.0（流量时代）：流量决定众筹项目需求与成功率。2014年开始，众筹平台不再是发起者自娱自乐的小圈子，而是流量的提供者，众筹1.0时代的众筹网站由于无法提供更大流量纷纷转型，虽然其中会有少数优秀案例，但却没有足够资源复制成功模式、承担客服压力。众筹2.0成熟电商平台开始经营众筹业务，淘宝和京东成为众筹领域的绝对主角。2014年5月，"淘星愿"正式更名为"淘宝众筹"，众筹模式从娱乐领域回归到创新领域。

自2014年起，"淘宝众筹"正式确立以科技类项目为主，设计、农业、娱乐为辅的战略方向，科技类项目占比35%，成

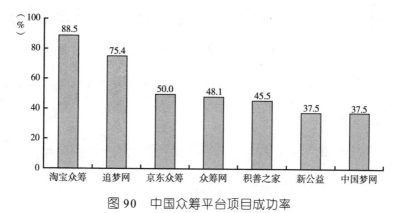

图90　中国众筹平台项目成功率

资料来源：速途研究院《2014中国网络众筹分析报告》。

交金额占比超过70%。淘宝网本身强大的社会属性赋予众筹平台公众特质，淘宝网上10亿件商品、千万个商家服务了超过3.62亿活跃用户，几乎等同于全品类零售行业的用户属性，覆盖衣食住行等各个民生领域，"淘宝众筹"的海量用户最接近大众实际需求，一个创新商品如果在"淘宝众筹"获得成功，就等于被这个复杂世界所追捧和传播。

淘宝众筹以"认真对待每一个梦想"为使命，从"泛娱乐化平台"成功转型为"创新孵化平台"，一方面，利用淘宝网全球领先的客服资源、强大信用、购物体验、商业属性流量为中国创客背书。每一个初创团队和创新商品都能够从中找到自己的机会。另一方面，对所有申报众筹的产品严格审批，对消费者的信任尽责。据速途研究院《2014中国网络众筹分析报告》分析："淘宝众筹"成功率高达88.5%，领跑"中国创新"。2015年，淘宝众筹在手机端的淘宝APP、支付宝APP上，流量和支持人数已经远远超过PC端，成为移动互联网时代发展最快的众筹平台。另外，与其他众筹平台不同，流量可观的淘宝众筹坚持完全免费，不收取展位费、推广费，为中国创客"雪中送炭"，使中国创客拥有更大发展空间。

截至2015年12月底，淘宝众筹累计募款金额高达12亿元，平台累计参与众筹678.6万人，创业团队凭借"萝卜平衡车"单款产品筹到2366万元，小米为新品手机筹到3559.5万元，"小K插座"则创造了单项支持最高人数——34.8万人，达到千万融资规模的项目有5个，如萝卜车、大白空气净化器、PAPA口袋电影院、大神手机、曼申智能锁，达到五百万元融资规模的项目有12个，达到百万级融资规模的项目有96个。在2015年10月份，淘宝众筹日均成交额领先国内其他众筹平台，向全球平台发展。

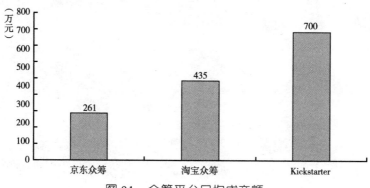

图 91　众筹平台日均成交额

资料来源：阿里研究院。

在淘宝众筹平台上，智能产品领域不断涌现出的众筹项目，均取得了醒目的推广成绩和市场影响力。

众筹拥有"创新""孵化"两个天然属性，众筹平台本质上是线上创新孵化平台。众筹3.0平台需要具备研发、生产、营销、投融资四种孵化能力。目前淘宝众筹联手合作伙伴，整合阿里电商、智能云、淘富成真、创业服务、投融资、定制营销全方位资源，建立智能创新基础设施，帮助众多智能产品形成场景联动、数据融通、以人为中心的智能生态圈，成为创新团队和创新商品进入阿里巴巴体系的服务入口，使中国创客更专注于产品、更节约投入、获得更多资源。

图 92　淘宝众筹成功案例之一

资料来源：淘宝众筹，阿里研究院。

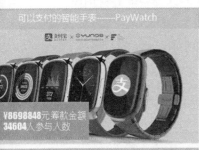

图 93　淘宝众筹成功案例之二

资料来源：淘宝众筹，阿里研究院。

图 94 　淘宝众筹成功案例之三

资料来源：淘宝众筹，阿里研究院。

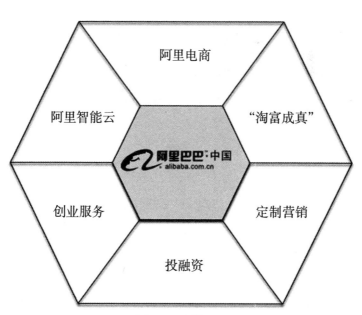

图 95 　众筹 3.0

资料来源：淘宝众筹，阿里研究院。

图 96 "淘梦成真"直通车，工业设计有保障
资料来源：淘宝众筹，阿里研究院。

很多大学生创客的设计成果缺少渠道进行创意孵化，淘宝众筹联手创客梦工厂（创客梦工厂：瑞德设计开源创新互联网平台），汇聚全球顶尖设计学院（包括美国 CCS 学院、意大利 DOMUS 学院、意大利 NABA 学院、美国圣地亚哥新建筑与设计学院等国际名校）的设计者智慧，重点扶持优秀"90 后"大学生创意设计作品上线众筹，帮助大学生将设计作品功能落地商品化，并通过"淘富成真"对接生产。

以生产为例，创新商品完成众筹之后，遇到的一个非常重大的问题就是品质把控能力差和产能不足。一个成功的众筹项目已经把用户的胃口吊得够高了，一旦用户发现到手的产品不

图 97　"淘富成真"直通车，生产制造有保障

资料来源：淘宝众筹，阿里研究院。

过是个半成品时，对品牌和团队的打击将是致命的。阿里巴巴和全球最大的生产集团富士康合作了"淘富成真"计划，旨在通过富士康的生产和阿里巴巴的大数据来帮助创新在生产段的落地。目前这个计划正在执行中，近千个优秀的智能设备正在通过这个计划投放市场。

以营销为例，众筹之后的产品如何走入常规渠道是初创团队非常头痛的问题。淘宝众筹在众筹成功后，有一系列完善的对接模式。例如成功的智能硬件项目，淘宝商家可以通过淘宝的潮店街（数码类目）延续销售，天猫商家可以通过酷玩街（电器城）延续销售。除此之外，新品上市时，会有聚划算的聚

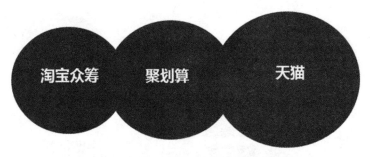

图98 营销直通车，新品销售有保障

资料来源：阿里研究院。

新品活动打造新品，产品走入常规销售之后，还有淘抢购、天天特价等活动的对接。这些营销产品都与淘宝众筹形成了紧密的对接关系，帮助众筹孵化出来的新品能够顺利走入阿里巴巴的营销体系。

通过淘宝店（或天猫店）"筹人"，通过淘宝众筹"筹钱"，通过整个阿里生态"筹资源"，正在帮助所有国内外创客实现梦想、创造未来！

3.2.8 智能市场分析：2015中国智能元年

2015年是中国"智能元年"，几乎所有品类的家用电器都

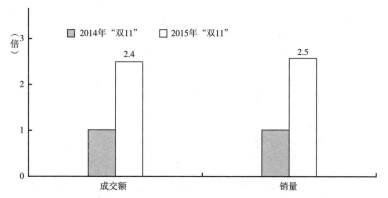

图99 淘宝"双11"智能产品销售对比示意图比较
资料来源：阿里智能生活，阿里研究院。

陆续升级成为智能产品，无论从种类还是销量都在迅速引爆国内智能家电市场。

"双11"，阿里智能家电总体销量过千万台，单日成交额同比增长140%，销量同比增长150%，这个数据背后，是阿里智能对各行业电器产品智能化的改造升级，是智能领域的一次变革。

伴随老百姓对家人健康、生活品质的不断重视，以及智能家电的产品方案升级，国人通过"智能化"家电更新换代提高居家舒适度成为一种新的潮流。2015年"双11"淘宝销售数据显示，位列销量涨幅TOP3的智能家电是空调、空气净化器、

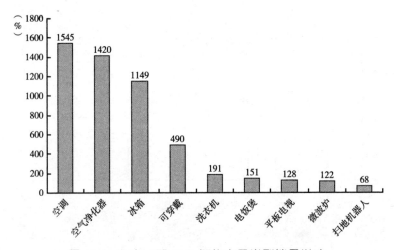

图 100 淘宝"双 11"智能产品类别销量增速

资料来源：阿里智能生活，阿里研究院。

冰箱，与 2014 年"双 11"相比均超过 10 倍涨幅，智能空调销量同比增长 1545%（见图 100），智能空气净化器销量同比增长 1420%，智能冰箱销量同比增长 1149%，以智能手表、智能手环为代表的可穿戴设备销售额同比增长接近 5 倍，其他主流智能家电都获得翻倍增长，如智能洗衣机、智能电饭煲、智能平板电视、智能微波炉等，其中一款科沃斯阿里智能朵朵扫地机，在"双 11"当天突破 1 亿元销售额，最终销量超 13 万台，成为阿里智能"双 11"最爆单品，创造了扫地机的单品销

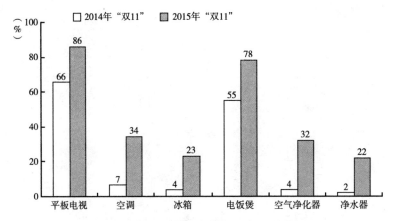

图 101　淘宝"双 11"各品类智能商品销量整体占比

资料来源：阿里智能生活，阿里研究院。

售奇迹，奠定了其行业霸主地位。

　　从图 101 可以获悉，平板电视、电饭煲的"智能化"产品升级与热销从 2014 年已经开始，已经占据主导地位，而空调、冰箱、空气净化器、净水器的"智能化"在 2015 年持续升温，广大消费者越来越偏向于选择智能商品。

　　"双 11"中疯狂采购智能商品的铁杆粉丝究竟是谁？来自于哪里？通过大数据分析发现。

　　（1）沿海城市更智能：智能商品的用户集中在北京、上海、江苏、山东、广东等东部沿海城市。

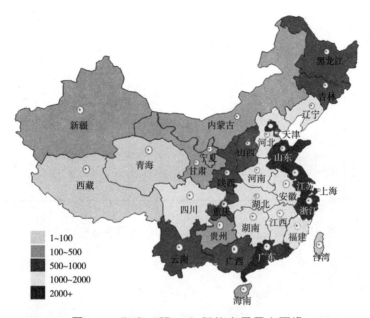

图 102　淘宝"双 11"智能商品用户画像

资料来源：阿里智能生活，阿里研究院（此图为示意图，非真实地图）。

（2）一线城市中产男性更热衷：对比智能电器购买用户和非智能电器购买用户，明显可以看出，购买智能电器的用户一线城市占比更高，男性居多，且智能商品用户购买用户群中，中产阶级比例更大。

（3）家庭用户更爱买：在淘宝平台上热衷购买智能产品的用户，前五名分别是"爱家人士""有家有室""恋爱中""家有

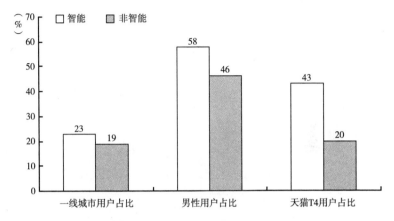

图 103　淘宝"双 11"智能家居产品销量占比

资料来源：阿里智能生活，阿里研究院。

儿女""家庭主妇"，均是以家庭为中心、热爱生活的人群，甚至超过了喜爱新奇异的单身用户。

究竟什么样的智能功能最受欢迎？阿里智能生活平台的大数据表明，智能设备接入网络，用户可以远程操控家中设备，其中"定时功能"非常受用户欢迎，例如你能够远程操控家中的热水器"定时烧水"，这样寒冷的冬季，一回到家就能泡个热水澡了；又或者遇到干燥、雾霾重的日子，千里之外也能够通过空气净化器、加湿器、取暖器、空调呵护家人的健康生活环境。

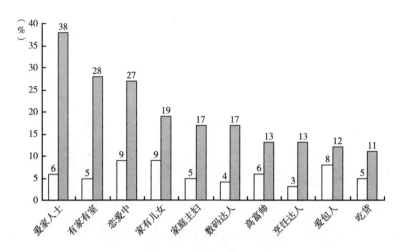

图 104　淘宝智能产品用户特征

资料来源：阿里智能生活，阿里研究院。

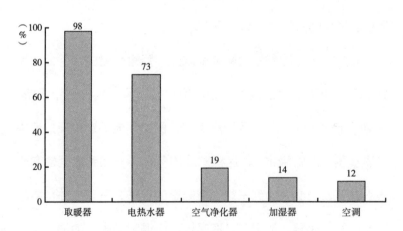

图 105　淘宝智能产品用户特征

资料来源：阿里智能生活，阿里研究院

3.3 智能交通：移动"第三空间"

汽车的本质是人的位置移动，一切智能化创新都在向移动式"第三空间"① 演进，在出行安全的基础上，简化驾驶操控、增加更多生活服务、提升娱乐休闲体验，汽车最终将成为个人

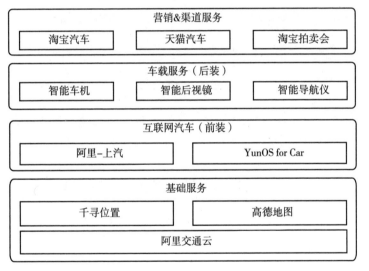

图 106 阿里"智能交通"生态圈

资料来源：阿里研究院。

---

① 人的日常生活主要分布于三个生活空间，即第一空间（居住空间），第二空间（工作空间），第三空间（购物休闲场所）。要提高人的生活质量必须从三个生活空间同时去考虑。而生活质量的提高又往往表现为第一、第二生活空间的逗留时间减少，第三生活空间的活动时间增加。因此，必须把提高第三生活空间的质量作为改善人们生活质量的关键点。现代商业业态的战略规划性恰恰表现在如何精心定位规划第三生活空间。

专属的移动生活空间。

2015年4月以来，阿里"智能交通"生态圈初见规模，由基础服务层、汽车产品层、营销渠道层资源组成：

（1）基础服务：阿里交通云基于云计算、大数据构建智能交通解决方案，基于北斗导航系统的"千寻位置"提供高精度定位服务，而高德地图为汽车或手机提供全国导航服务。

（2）汽车产品：前装由阿里巴巴集团与上汽集团共同开发互联网汽车、YunOS for Car 操作系统，后装市场由合作伙伴开发出各种装载 YunOS 的智能车机、智能后视镜、智能导航仪产品等。

（3）营销渠道服务：以"天猫汽车""淘宝汽车""淘宝拍卖会"销售新车、二手车、汽配以及各种车辆售后服务，推动汽车电商服务市场创新。

3.3.1 阿里交通云：云端一体化

阿里云成立于2009年9月，致力于为政府、企业、创业者，打造普惠计算公共服务平台，开拓互联网技术创新，不断

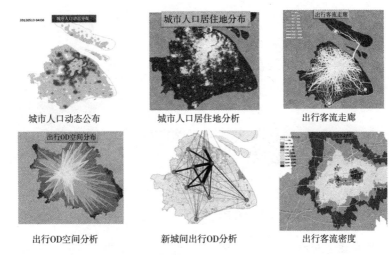

图 107　阿里交通云数据可视化应用

资料来源：阿里云，阿里研究院。

提升计算能力与规模效益，将云计算作为计算经济的基础设施。

目前阿里云不仅强有力地支撑了阿里巴巴电商业务、蚂蚁金服

金融业务，而且正在与众多合作伙伴合作，为交通、医疗、媒

体、金融、游戏、政务、动漫、O2O 等产业组织提供云计算服

务、大数据服务、行业解决方案。

阿里交通云不仅承载了如高德地图、快的打车、货车帮、

12306、12308 等创新性的移动互联网企业，更有天津交通委、

宝船网、浙江省交通厅等政府机构。各地方政府正在利用弹性

云计算平台，来构建智慧城市的交通大数据中心，作为全市交

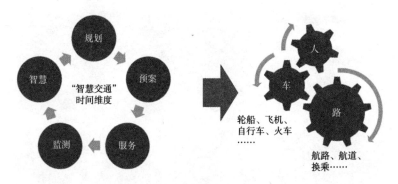

图 108　大数据治理城市交通

资料来源：阿里云，阿里研究院。

通信息资源枢纽，打破部门壁垒，整合城市道路、地铁、公路、铁路、水运、航空等行业数据资源，并汇集企事业单位和互联网资源等各类交通数据，实现多源异构数据的融合、共享、分析、计算和交互，完成交通信息的综合和深层次的挖掘利用，为高质、高效的交通管理和服务提供后台支撑。

天津交通委大数据云平台基于阿里云飞天平台构建，同时面向交通委内网和互联网提供服务。从天津交通委大数据平台建设经验看，城市交通治理类大数据应用应该包括如下五大类。

（1）专项交通管理类应用

整合空运、陆运、航运、铁路运输数据，搭建全栖交通运输指挥中心，一图总览区域内运输运转全貌。实现道路巡查相

图 109　交通大数据云平台（示例）

资料来源：阿里云，阿里研究院。

关数据的处理及其大数据处理应用与业务大盘模式展现。

（2）交通需求管理决策支持

掌握城市居民出行需求特征，并细化至机动车出行与公共

交通出行等不同方式，有针对性地制定相应的需求管理政策。

在需求管理措施制定前可量化估计实行的预期效果，在措施实

施后可跟踪评价实际效果，及时采取改进手段。

（3）公共交通优先策略支持

掌握城市公共交通（常规公交、快速公交、轨道交通）的

出行需求特征以及现状运行特征，了解公共交通的出行需求与

整体出行需求的关系，分析其与公共交通基础设施建设的匹配

情况，为公共交通基础建设投入、公交线网优化、公交政策制定、公交服务水平提高提供数据支撑。

（4）规划建设决策支持

掌握城市总体以及局部区域的出行特征与运行现状，有针对性地分析造成交通拥堵的具体原因，为城市与交通规划、建设提供决策支持。在一些重大建设工程的规划建设阶段，能够有效地量化分析评估工程建成前的现状与建成后的效果。

（5）交通运营管理决策支持

掌握城市道路的常发拥堵点以及拥堵成因，有针对性地采取相应的治堵措施。在重大活动、道路施工期间为交通组织预案制定提供科学依据。

3.3.2 高德地图：车联网的"运动中权"

（1）高德业务

高德专注地图导航13年，是中国唯一一家具有地图导航数据、地图导航应用、云服务平台三种能力的公司，也是唯一一家既有车机、又有手机两大行业经验的地图导航服务公司。高

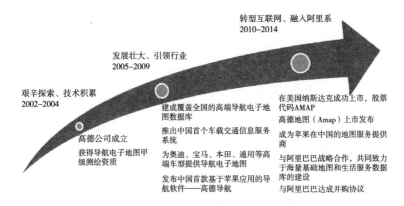

转型互联网、融入阿里系
2010–2014

发展壮大、引领行业
2005–2009

艰辛探索、技术积累
2002–2004

高德公司成立

获得导航电子地图甲
级测绘资质

建成覆盖全国的高端导航电子地
图数据库

推出中国首个车载交通信息服务
系统

为奥迪、宝马、本田、通用等高
端车型提供导航电子地图

发布中国首款基于苹果应用的导
航软件——高德导航

在美国纳斯达克成功上市，股票
代码AMAP

高德地图（Amap）上市发布

成为苹果在中国的地图服务提供
商

与阿里巴巴战略合作，共同致力
于海量基础地图和生活服务数据
库的建设

与阿里巴巴达成并购协议

图110　高德发展历程

资料来源：高德，阿里研究院。

德拥有行业最全面的"三甲"资质 ①，凭借专业领先的电子地

图数据库，在汽车、政企、互联网三大领域处于市场领先地位，

核心技术团队拥有超过17年的GIS开发经验 ②，高德成为阿里

巴巴集团在汽车领域的重要拼图。在手机端，中国超过4亿用

户使用高德APP，2015年上半年在中国手机地图应用市场格局

中，高德手机导航第一、实时交通第一、手机地图第二；在整

车市场，高德是中国前装车载导航、中国前装交通信息服务市

场占有率第一的自主品牌，如图111所示。

---

① 导航电子地图甲级测绘资质、测绘航空摄影甲级资质和互联网地图服务
甲级测绘资质。

② 高德成立以来，坚持持续投入产品研发，现在拥有800多名研发人员，
1300多名数据生产人员。

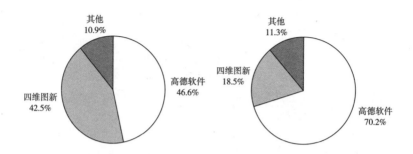

图 111　中国前装市场，高德占有率第一

资料来源：iResearch《中国汽车互联网服务前装市场行业研究报告》。

图 112　高德致力于打造"一张互联网地图"

资料来源：高德，阿里研究院。

高德始终致力于打造"一张互联网地图"，利用扎实丰富的地图数据，加上灵活快速的互联网产品，解决大众出行痛点。

阿里巴巴移动事业群总裁兼高德总裁俞永福，在 2015 年底提出"一个高德，一云多屏"（AMAP：One cloud on multi-screen）战略，通过强大的服务后台把多个屏幕（尤其是手机

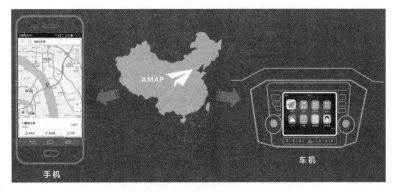

图 113 一个高德，一云多屏

资料来源：高德，阿里研究院。

屏幕），与汽车屏幕连在一起，基于高德一致化的服务能力，让用户有一致化的服务体验。不论在几百万元的车，还是几万元的车上，如果车载导航不好用，用户更愿意用手机导航，而手机屏存在上限（7寸），最终限制了手机导航在汽车上的应用。而车屏尺寸可以做得越来越大，当车载服务体验提升后，用户会更愿意进入汽车导航系统。

电视、电脑、手机分别代表了家居中心、个人计算中心、移动服务中心，而汽车是"第四中心"，这四块屏幕都是围绕一块屏的变化而延伸，这四个中心是应该连通交互的，通过汽车这块屏用户除了感知到位置变化，也需要感知到周围环境与人，所以智能汽车必然通过联网而实现通信，高德正在以智能

图 114　汽车是"第四中心"

资料来源：高德，阿里研究院。

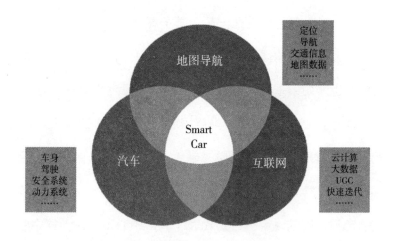

图 115　智能汽车是"跨界变量"

资料来源：高德，阿里研究院。

汽车为"新变量"，在地图导航产业、互联网产业、汽车产业跨界融合，开拓新的蓝海市场。

高德正在围绕汽车开展核心业务与研发，实现"导航互联网化""汽车互联网化"，目前由三类业务组成：

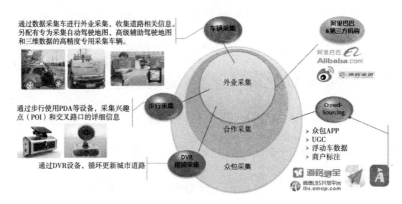

图116　多种交通数据采集方式

资料来源：高德，阿里研究院。

1）电子地图：在数字地图领域，高德通过多种方式采集地图数据，通过创新的合作和众包模式，结合传统的数据收集、验证方式，大大提高了地图数据的新鲜度、准确度、缩短了地图发布的时间，如图116所示：

· 传统的外业采集方式：通过高德自有的地图采集车（采集道路信息），高德工作人员通过步行方式用手持PDA或智能手机采集兴趣点信息，通过摄像头及行车记录仪采集数据。

- 通过合作伙伴采集数据：例如与出租车公司合作，与当地交管部门合作，也包括参考阿里巴巴集团的数据，比如每天数千万的淘宝天猫订单上的收发货地址数据等，进行采集和验证，最终收录地图数据库。

- 通过众包的方式：鼓励最终用户上传地图和兴趣点数据。

高德一直关注大数据时代地理信息数据的整合与发布，通过专注地理信息数据研发，建设地理信息数据云平台，持续深入挖掘数据背后的商业价值。在政府和企业应用领域，高德开发的"三维数字城市"模型和地理信息系统构建起城市建筑模型、道路模型、土地模型，帮助政府提高城市管理和执行效率。

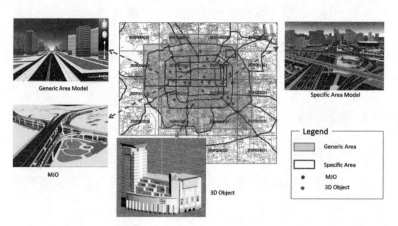

图 117 高德开发的"三维数字（Real 3D）城市"模型

资料来源：高德，阿里研究院。

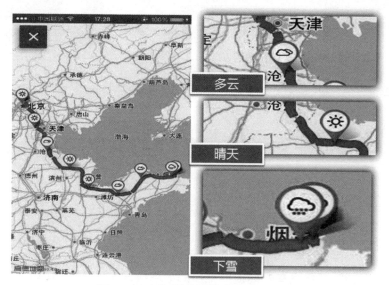

图 118　高德导航路线上的准确天气

资料来源：高德，阿里研究院。

2）导航软件：高德汽车现阶段和未来已有的产品布局均围绕"导航互联网化"展开：现有的产品布局中，A-LINK 及 AMAP AUTO 应用服务旨在帮助驾车用户快速连接车与云端，实现数据更新、实时交通、智能躲避拥堵等功能。高德为用户提供多种搜索方式，包括通过名称、地址等方式，通过汉字、拼音、英语等方式，以及车机、手机、呼叫中心等多种渠道，兴趣点能够在手机、车机、PC 等端口互相发送、保存，方便用户使用；如图 119 所示，高德开发的手机导航 APP 与车内

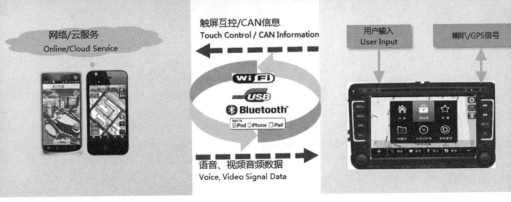

图 119 高德 A-Link：手机、车机相连

资料来源：高德，阿里研究院。

屏幕互联的技术，称为"A-Link"。除手机端导航外，高德还在前装车载导航领域，为奥迪、大众、宝马、奔驰、通用、福特等国际著名汽车厂商提供优质的地图数据、导航软件和车联网服务。

3）车联网服务：车联网产业在中国已经走过了将近十个年头，作为行业的先行者，高德从 2006 年即开始对车联网行业进行投入和研究。在传统车联网行业，高德向诸多合作伙伴提供平台在线地图服务（PC，移动设备）、POI 搜索服务（车机、呼叫中心）、动态交通信息服务；除此之外，高德车联网平台还集成了丰富的第三方内容及服务；如，动态停车场服务、动态加油站 / 充电站服务、航班信息查询服务、精细化天气服务、空气质量指数（AQI）查询服务、在线新闻服务、"Send2Car"

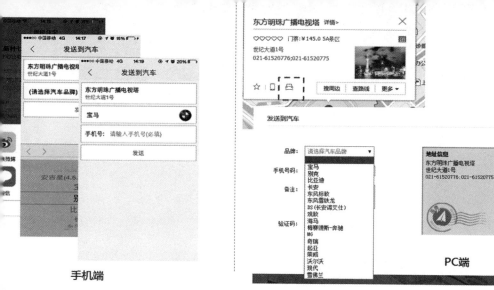

图 120　高德"Send2Car"分享到车

资料来源：高德，阿里研究院。

分享到车服务 ① 等，这些服务目前已在奥迪 Connect、宝马
Connected Drive、沃尔沃 Sensus 等多个车厂项目中上线，并
得到良好反馈，与同类产品相比，具有高精准度、快速集成、
简洁易用、安全稳定、专业运维支持等优势。高德地图逐步从
"地图数据供应商"升级成为"移动生活服务入口"，在出行方
面，高德地图联手滴滴打车推出出租车叫车服务，预约周边 5
公里内的出租车；在生活服务方面，高德地图融合了大众点评、

---

① "Send2Car"功能打通手机和车载两个屏端的服务，车主能够将高德地
　图搜索到的 POI 位置信息直接发送到车载导航系统中，实现手机地图与
　车载导航结合，绕开汽车屏幕输入的痛点，目前已在别克、雪佛兰、荣
　威、MG 名爵、比亚迪等多款量产车上实现；高德导航则作为首批应用
　程序入住福特 SYNC AppLink；采用全新 A-Link 技术的高德地图，正
　在领导"一云多屏"的跨界融合创新趋势。

携程、丁丁优惠、团800、订餐小秘书等合作伙伴的数据，使
用户在地图上不但能够查看到更多的团购打折信息，还可以进
行餐厅、酒店的预订。

（2）高德 - 高精度地图

随着自动驾驶概念的日趋成熟，部分互联网公司及各大
车厂均准备或已经推出了自动驾驶车型。与此同时，高德自动
驾驶业务团队通过大量的探索与积累，研发攻关并成功启动了

图 121　高德高精度自动驾驶地图（HAD Map）

资料来源：高德，阿里研究院。

"自动驾驶高精度地图"（简称HAD Map[①]）的量产，成为国内第一家具备此能力的公司。目前高德已经拿到中国甚至亚洲第一个 HAD Map 商用项目，覆盖 22 万公里的高速公路，地图精度达到厘米级。这意味着在中国，2017 年就会有车辆借助高德的自动驾驶高精度地图，在特定道路上实现自动化驾驶。

1）全球最先进的移动三维激光测量系统之一

高德采用全球最先进的移动激光扫描系统和解决方案。该系统一体化集成惯导、工业相机、激光扫描仪、轮速仪、GNSS等测量设备，实现高精度、高分辨率的三维激光点云和影像等数据采集，绝对精度达到 1 米以内，相对精度达到 0.1 米，真正满足车厂高级辅助驾驶（ADAS[②]）自动驾驶汽车应用对高精度地图的需求。

2）拥有自主知识产权的数据处理平台

在目前的市场上，欧美车厂、方案提供商和图商在自动驾驶领域和高精度地图领域处于领先地位，掌握着核心技术和方

---

① HAD Map，全称 Highly Autonomous Driving Map，高精度自动驾驶地图。
② 先进驾驶辅助系统（Advanced Driver Assistant System），简称 ADAS。

案。若要有所突破，采集数据的后处理和生产需要具备深度的技术理解，掌握核心知识。高德自动驾驶团队突破国外技术封锁、自主研发 HAD Map（高度自动化驾驶地图）数据生产平台和自动识别系统，基于激光雷达、相机、惯导系统，开发应用全自动或交互式识别功能，提取车道线、路牌、标志标线，路侧或道路上方物体等自动驾驶地图要素和属性，形成最终的自动驾驶数据产品。目前已经完成全套产品设计、规格工艺设计、采集、后处理、编辑、质检、编译的 HAD Map 数据生产体系，成功获得车厂认可，进入商业项目量产阶段，属国内首例自动驾驶地图数据量产项目。

3）HAD Map 在自动驾驶业务中的用途

HAD Map 是以高级驾驶辅助、自动驾驶为目标而制作的高精度电子地图，其地图元素可达到的精度，使其可辅助车辆进行精细的定位与路径规划，并在规划好的路径上实现车道级别的导航。

4）车道级别的导航

HAD Map 用车道线的形状与属性来表达道路基本形状，同时包含车道级别的拓扑关系，因此汽车在规划好的行驶路径里，可获知任何一条道路的车道数量、车道交通规则、路口位置、车道联通关系等信息，也就实现了道路级别的导航功能。同时，在车辆感知系统的帮助下，汽车可快速判断自身当前位置、车距。车辆感知系统与 HAD Map 相结合，使得车辆实现了高级辅助驾驶和自动驾驶的目标。

5）辅助车辆精准定位

车辆在行进过程中，利用自身感知系统可对车道线、道路上方与路侧的物体进行探测并确定其位置关系，以此实现车辆的初步定位。HAD Map 中的各种元素都具有较高的位置精度，将车辆感知系统探测到的内容与地图中的元素进行映射，可帮助车辆校准汽车定位数据，实现精准定位，从而保证高级辅助驾驶／自动驾驶的安全性。

6）智能驾驶

节能：HAD Map 内的一些高精度地图属性，例如曲率、坡度（包括横坡、纵坡）等，使得车辆可预判前方道路的形状和属性，从而预先设定油门力度、速度、加速减速位置和时间等，以达到省油节能的目的。

安全性保障：对于自动驾驶车辆来说，高精度地图是其安全系统的部件之一，是保障其安全行驶的必备条件。对于高级辅助驾驶功能来讲，HAD Map 可辅助提供的车道偏离警告、危险情况预警等功能，可为驾驶员提供帮助，降低事故率、提升驾驶安全性。

人性化／个性化驾驶：作为 Auto Cloud 产品的研发基础与 Learning 过程中必不可少的元素之一，为车辆大数据生态闭环提供稳定输入，为后续高级辅助驾驶／自动驾驶的安全性提升、人性化／个性化驾驶解决方案的研究提供数据基础。

（3）高德与电商

2014 年，高德加入阿里巴巴集团，成为阿里巴巴在汽车业务领域的"桥头堡"，阿里集团丰富的线上资源、海量商业数据为高德"车联网"版图注入了新的活力，如在线整车销售、丰富的线上内容、线下资源、大数据分析、阿里云平台、车载支付、YunOS 等 [①]，同时阿里用户资源与高德产品打通，阿里云计算能力帮助高德更好地实现"云端 + 本地化服务"模式和"一云多屏"战略。

———————————

① 部分服务已在正式项目中上线并应用。

在数据方面，天猫淘宝的线上消费离不开线下物流配送，此过程中产生的大量 POI 数据大大提升了高德服务的准确性和及时性。高德自身丰富的 LBS 服务数据资源结合阿里巴巴集团的用户消费数据、社交数据、交易数据等，打通后使高德具备全方位立体服务能力，能够更好地满足用户需求，实现用户价值的最大化。

作为国内唯一在互联网产品和数据领域都取得领导地位的地图导航厂商，高德立足市场的核心竞争优势在于对互联网和地图两种能力的跨界融合，形成了完整的上半身（产品）与下半身（数据）竞争力；与此同时，互联网起家的企业普遍缺少数据支撑，传统地图数据厂商则在互联网领域积累不足。

"高德在传统汽车导航领域具有深厚的积淀，并且成功转型移动互联网企业。而在'AMAP'大战略牵引下，我们将会加快车机与互联网的融合进程，重新定义汽车导航。"阿里巴巴高德汽车应用事业部总经理韦东表示。

新一代高德汽车导航解决方案，将从多个维度解决传统车载导航存在问题。

1）技术更"新"：高德将会采用更精尖的技术生产地图，

例如，多角度拍摄的倾斜航空摄影技术，即刻形成真三维立体地图画面。

2）数据更"全"：高德拥有超过5000多万个POI（信息点），超过530万公里导航道路数据，可绕行赤道130圈。

3）路况更"鲜"：在互联网众包思维的支持下（超78%交通数据来自于公众），高德交通大数据在国内率先实现了实时路况的全面覆盖，已经可以即时查询超过360个城市的交通路况，并且与包括北京、武汉、深圳、大连在内，全国各地数十个官方交通机构达成了数据交流合作。

4）引导更准：高德的智能躲避拥堵功能，仅在北京一个城市月均就能为用户节省超过700年路上时间、1840万升油耗。

3.3.3 互联网汽车：无人驾驶是终局

（1）互联网汽车

在100多年的汽车进化过程中，依次经历了工业化、民用化、电气化、微电脑化、互联网化，在最近一波浪潮中有三个创新方向会重新定义汽车、人、环境三者之间的关系。

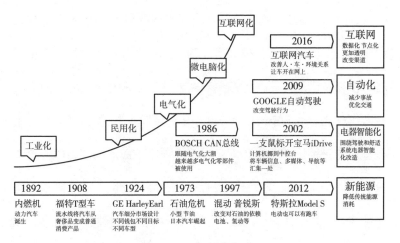

图122　汽车进化史

资料来源：阿里互联网汽车，阿里研究院。

1）新能源：目前出现有混合动力、纯电动、乙醇动力、氢动力、燃料电池动力、燃气动力等六类新能源汽车，其中以丰田和本田为代表的混合动力技术比较成熟，已在北美量产销售，而以Tesla为代表的纯电动汽车向全球推广，逐步成为趋势。以电替换石油，以充电站替换加油站，纯电动汽车具有较多有点，例如零污染（行驶中零碳排放）、噪音低（电动机噪音远远低于内燃机）、能源效率高（城市行驶过程效率高）、电力来源多样化（可通过多种途径获得）、结构简单（无须特别保养、操纵简单），成为大众认可的升级产品。

2）自动驾驶：无人驾驶汽车（百分之百自动驾驶）是智能汽车的终局产品。汽车将从单纯的"代步工具"转变为智能服务的"移动私密空间"。这需要未来十几年的研发来推动。当前比较有代表性的相关技术是 ADAS（高级驾驶辅助系统），通过安装在车上的各种传感器，在汽车行驶过程中感应周围的环境，收集分析数据，实现前装预警、巡航控制、并线辅助、紧急制动、超车提速、车速辅助等被动式/主动式干预能力，例如 Tesla Model S 最新提供的自动驾驶、自动换车道、自动泊车等功能都必须时刻处于司机的监控中 [①]，但从长远来看，类似 Google 的无人驾驶汽车拥有更大的市场空间，通过技术减少事故，优化交通。

3）电器智能化：围绕驾驶和舒适系统的电器智能化改造，包括车载系统联网上云，电器自检、自预警甚至报修，车载终端通过云与手机等设备同步个人数据、环境数据、汽车服务数据等线上线下资源，形成"一云多端"跟随用户位置的智能服务体系，让汽车开在云端、养在云端，并与其他车辆、朋友、智能终端互动，让"小白"车主也能通过语音、手势驾驭自如。

---

① 特斯拉 CEO 埃隆·马斯克（Elon Musk）提醒用户，这些功能并不能将 Model S 变成一辆全自动驾驶汽车，用户还需小心使用自动化功能。

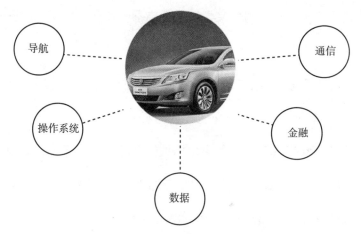

图 123　互联网汽车，新变量，新蓝海
资料来源：高德，阿里研究院。

2014 年 8 月，上汽集团与阿里巴巴集团签署"互联网汽车"战略合作协议，并于 2015 年 3 月双方合资设立"互联网汽车基金"，以"重新定义一辆汽车，联合打造首辆互联网汽车"为目标，双方优势资源互补，上汽集团拥有较为庞大的汽车客户群，在整车集成、动力总成、新能源技术、汽车电子及架构等方面拥有强大和坚实的自主开发能力，在车载信息服务和车联网应用领域拥有深厚的研发和运营经验，在汽车销售、服务、物流和金融等方面拥有完善的体系。阿里巴巴集团拥有自主开发的 YunOS 操作系统、阿里云、大数据，以及互联网内容（虾米音乐、阿里文学等）生态圈，在电子商务（阿里汽车）、金融（蚂蚁金服）、地图和导航（高德导航）、通信（阿里通信）等领域拥有核心技术和服务能力。上汽和阿里将充分发挥各自的优势，共同发力"互联网汽车"的技术开发、服务运营、商业模式和用户体验，相关标准和规范的建立，促进汽车行业的跨界创新和转型发展，建立互联网汽车生态圈，推动未来的智能汽车和智能交通等概念的落地。

阿里巴巴首席技术官王坚博士表示，互联网汽车在改善人与车交流方式的同时，将会向车与车、车与路、车与基础设施的交流方向迈进。人、车、路和基础设施的四维交互成为趋势，这也将为无人驾驶技术的完善打下基础。

再过20多年后，我们的日常生活会是这样的："当你离开办公室，一辆空车来到你面前。它或许是你召唤而来，也可能它每天这个时候都来接你。回家的路上，你听着自己最喜欢的音乐，观看电视节目或者关注新闻。你几乎没注意到车在减速或加速以避让其他车辆，除了它停下来给救护车让道时。其他一些车有驾驶员在控制方向盘，但更多的车和你的车一样，完全没有方向盘。尽管要给救护车让路，你回家的旅程也要比现在快得多，即使那时路上的车更多。到家的时候，汽车会自动去下一个客户那里，或者停在某处等着有人呼叫它。你不知道也不关心。毕竟这车不是你的，只有在你需要的时候你才会叫来一辆。"①

（2）汽车后装产品

互联网汽车的产品创新中，不仅正在重构整车的所有环节，同时也在通过"YunOS for Car"操作系统赋能合作伙伴，帮助车载后装产品"升维"。

互联网汽车由"汽车＋操作系统＋服务"组成，简称"COS模式"②，操作系统就是汽车的云脑、智能服务的入口。当前汽车上的软件联网较少、应用场景不足、版本升级缓慢，而接入YunOS的汽车将会对接海量的O2O服务、个性化的娱乐内容、不断更新的应用功能，是围绕个人需求的"活系统"，为汽车场景重新定义的"YunOS for Car"系统具有如下与众不同的特色：

1）轻桌面：独有的Cloud Card卡片式深度定制UI，支

① 《经济学人》刊载《车轮上的智能手机》，2015。
② COS模式：由Car、OS、Service首字母组成。

持 HTML5 页面 Web 应用；轻量化设计风格、精简应用资源、内存瘦身；交互层整合图形 GUI、按键 PUI、语音 VUI、智能 HUI。

2）快系统：开机速度快；应用碎片化，协议处理能力强，系统效能和操作体验流畅，关键场景性能提升；"一键加速"即可恢复纯净后台，性能大幅提升；降低功耗并节省流量。

3）最安全："系统底层 + 云端 + 客户端"多层加固；达到工信部 5 星安全级别；从机密性、完整性、可用性等多方面构建了完整的安全体系。

4）智能云：桌面系统级应用无须下载，更新安装即可使用；淘宝账号互通；通过海量云空间来同步设备数据，借助云计算、大数据等优势提升服务。

5）强订制：不同于手机版 App，YunOS 车载机应用均"深度定制"，可靠适配兼容好，拥有阿里巴巴集团特权资源。

6）全语音：全语音操控，快速精准地满足车载用户"导航、行车记录、电话、音乐、在线 FM、天气、拍照、聊天、系统功能调节"等方面的需求，彻底解放双手，大大提升行车安全。

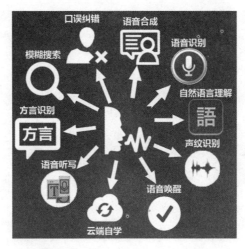

图 124　YunOS for Car 语音特色功能

资料来源：阿里互联网汽车，阿里研究院。

车主可以通过屏控、方控 ① 、键控、手势控制、语音控制的便捷方式发出命令，包括语音听觉交互、视觉交互、云端服务交互、热数据交互。其中流畅准确的语音交互体验对司机至关重要，不仅能够语音听写、语音唤醒、识别方言，还能够识别车主声纹、口误纠错、模糊搜索，甚至云端自学。

如图 125 所示，YunOS 整合丰富多彩的服务内容融入驾车场景中，交通服务覆盖导航地图、到达时间预估、实时路况、

---

① 　方向盘控制。

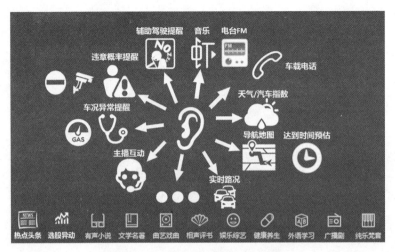

图 125　YunOS 车载服务内容

资料来源：阿里互联网汽车，阿里研究院。

车况异常提醒、违章概率提醒、辅助驾驶提醒、天气/汽车指数等，而娱乐服务主要以音乐、电台 FM、车载电话、主播互动等音频为主，其服务界面背后是海量的互联网音频库，包括虾米音乐、有声小说、相声评书、娱乐综艺、广播剧、热点新闻、外语学习等在线资源。

因为 YunOS 具有轻量级、智能化、丰富资源等特点，智能后视镜、智能车机、手持便携式导航仪等产品合作伙伴，都在积极融入 YunOS 智能汽车平台生态环境，从产品提供者过渡到服务运营商。

图 126　Vision 远界全屏智能后视镜，YunOS 操作界面
资料来源：阿里互联网汽车，阿里研究院。

2015 年 11 月刚刚发布的捷渡（JADO）中国"Vision 远界"是全球第一款搭载 YunOS 系统的"互联网 + 全屏智能后视镜"，该产品带来三项行业创新。

1）智能后视镜从"小屏"跨越到"全屏"；

2）从"电子产品标准"跨越到"车规级标准"；

3）从封闭的应用系统跨越到车规级车联网开放系统。

"Vision 远界"搭载了 YunOS for Car 互联网智能车载操作系统，实现了全语音操控，只需语音操控，就能轻松满足车载用户导航、行车记录、电话、音乐、在线 FM、天气、拍照、系统功能等方面的需求，彻底解放双手，大大提升了行车安全。

在汽车主动安全性方面，"Vision 远界"也有了很大的创新，其中 FSRS 全屏后视系统，率先实现将车后影像投射到全屏后视镜中，硬件方面采用1080P前后高清双录像，后视摄像头角度达到了170°，这个也是行业的最高标准。同时还具备FCWS前车防碰撞预警、LDWS车道偏离预警、全屏倒车影像等功能，对车主驾驶安全性有很大的帮助和提升。

图 127　路畅 YunOS 互联网车机

资料来源：阿里互联网汽车，阿里研究院。

　　YunOS让汽车中的视听享受与客厅里 [①] 一样舒适，路畅阿里YunOS互联网车机让驾驶更具乐趣，具有与传统车机完全不同的新功能。

---

　　① 　天猫魔盒使用 YunOS 系统。

1）实时在线：内置 3G[①] 模块、Wi-Fi 模块、蓝牙模块、GPS 模块，在线服务接入、地图升级，赠送流量。

2）云语音：能用"声控"决不用"手控"，语音识别率达 94% 以上，系统层深度绑定。

3）地图导航：声控高德导航，提供最新地图、实时路况播报，为驾乘者规避拥堵、节省出行时间。

4）虾米音乐：独享在线海量正版品质音乐库，不会错过最流行的好声音。

5）天气查询：声控天气界面，提醒洗车指数、穿衣指数、空气质量等环境信息。

6）卡片式界面：操作简单，美观简洁。

7）车载级系统：底层深度定制，安全稳定。

8）原车信息：显示原车油耗、空调、健康（发动机、电池、清洗液等）信息，并提醒车主关于保养、年检、保险的时间。

9）高清屏：1024×600 分辨率的 LVDS 高清高亮屏幕，防眩光、防眩目配置，多点触控电容屏。

---

① 采用 WCDMA。

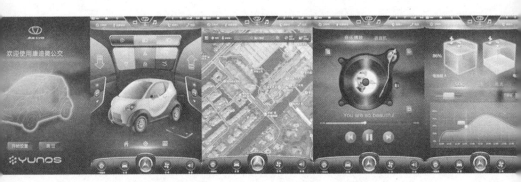

图 128　康迪 K17 电动汽车 YunOS 操作界面

资料来源：阿里互联网汽车，阿里研究院。

2015 年 11 月，杭州"微公交"项目中，正式投放吉利康迪 K17 纯电动汽车，内置的 YunOS for Car 操作系统，将互联网、新能源、汽车三者融为一体，"微公交"项目开创了"汽车共享"的分时租赁模式，目前已在杭州投放纯电动汽车 16000 多辆，并延伸至上海、南京、武汉、成都、广州、长沙、昆明等 10 余座城市开展试运行。

伴随 YunOS for Car 的版本升级、服务扩充，车载生态圈中产品创新不断，路畅、华阳、捷渡、纽曼、e 路航等厂商都在不断研发新产品，为车主提供互联网品质的服务与体验，最终实现"Car on the Internet"的梦想。

3.3.4 汽车电商：阿里车生活

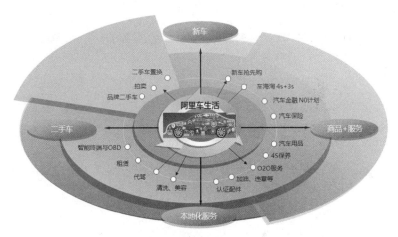

图 129　阿里汽车"16S"服务体系

资料来源：阿里汽车，阿里研究院。

　　面对汽车电商的万亿元级规模市场，阿里汽车事业部联手整车、二手车、本地服务等汽车相关企业，打造"互联网＋汽车"产业，利用阿里大数据，从传统的"4S服务"升级为"16S服务"（如图129所示），聚焦车主，基于车型全生命周期需求，为用户提供选车、买车、用车、养车、换车的360度服务体系，目前宝马、捷豹路虎、别克、丰田、雪佛兰、米其林、马牌、固特异、快修先生、广汇汽车服务等数十家企业已成为阿里汽车事业部战略合作伙伴。在移动端基于"阿里车生活"APP，与

YunOS 智能车载产品无缝对接，让汽车变得更加聪明。

阿里汽车业务从三个维度构建综合服务生态体系。

（1）汽车交易：据统计，中国汽车销售平均价格是 10 万元，而汽车后市场服务单用户年度支出是 3 万元，按照每辆车 10 年的生命周期计算，汽车后市场服务产生 3 倍于整车销售的商业空间。阿里汽车正在与广大汽车厂商、优质汽车服务商共建 O2O 汽车服务平台，贯穿每位车主在新车、二手车选购、服务的整个生命周期。

（2）汽车数据：阿里电商平台的用户 65% 拥有汽车，远高于其他互联网平台，凭借消费积累的真实大数据能够精准触达 8000 万车主，即为全国超过一半的车主 [①] 提供个性化服务；而且通过车生活 APP、YunOS、高德地图能够进一步了解车主用车出行数据。依托阿里巴巴电商大数据分析能力，以"人"为中心，用比社交、搜索更真实可靠的在线电商"活数据"、YunOS 汽车"热数据"，与线下汽车销售服务的"点数据"融合，再加上如果能够用车主的淘宝 ID、支付宝 ID 与汽车发动机号、车架号映射关联，就能形成汽车市场的精准"车主

[①] 2014 年，中国汽车保有量 1.54 亿辆，私家车共 1.05 亿辆。

画像""汽车画像"。车主的个人信用 [1]、汽车出险与保养情况、驾车违章信息等真实数据，会在日常选车、买车、用车、养车、换车过程中留下"脚印"，实现人车环境的数据化、数据互联化、数据信用财富化。用大数据把 8000 万车主与最适合自己的汽车、配件、服务体系精准对接起来形成透明可信、量身定制的汽车综合服务内容。

（3）汽车金融：汽车金融拥有比汽车服务更大的商业价值。以前汽车金融服务商对全国各地的每一位车主都不了解，最担心发生违约赖账的事情，而依托与阿里巴巴"电子身份证" [2] 关联的历史交易服务行为数据，产生的"芝麻信用分"，就能够帮助信用好的车主轻松贷款买车，甚至无押金租车。天猫汽车推出的"车秒贷"业务，自从 2014 年开通到现在，依靠"芝麻信用"开出 3000 万信用贷，没有一例违约 [3]，大数据之上的汽车金融服务商正在迎来更广阔的商业市场机遇。

在"电商 + 车联网"的时代，每辆汽车、每位车主身上都有越来越多的传感器，不仅车开在互联网上，人也生活在互联

---

[1]　芝麻信用。

[2]　淘宝 ID、支付宝 ID。

[3]　行业平均资损率是千分之 2.9。

网上，汽车什么时候该保养、该维修、该续保了，智能汽车、智能APP会提醒你，并为你推荐离家最近、价格最优惠、时间最合适的服务商。阿里汽车为车主提供"千人千面"的汽车服务。

图130　全域大数据营销体系①

资料来源：阿里汽车，阿里研究院。

另外，整车厂商、汽车服务商也能够摆脱过去出厂即失联的"数据孤岛"模式，基于阿里妈妈、易传媒构建"全域数据化营销闭环"，在营销推广、运营流程方面实现商业创新。

（1）O2O服务闭环：为汽车高价值商品量身定制高效闭环

①　TP商，全称Taobao Partner。

模型。

（2）CRM打通：为客户提供更完善的线上线下一体化管理模型。

（3）车联网平台：融合高德地图、YunOS for Car、支付宝服务窗等平台资源。

（4）无线应用：抓取移动端人群，形成无缝营销覆盖与应用。

同时，整车厂针对用车、修车数据分析，改进汽车设计，创新产品功能，提升用户体验。

汽车金融服务商也能够利用阿里大数据授信，规避不良信用的贷款申请人的风险，推出"秒批零等待""零利率/零手续费""零资料/零担保/零抵押"，共同打造"车秒贷"生态圈。

2014年中国乘用车新车销量2400万台，保有量接近1.5亿台，平均车龄5-6年，即将进入二手车市场爆发期。由于限购政策，在电商平台上"二手车"从一二线城市向三四线城市外迁，线上线下的集中式拍卖仍为主流模式，多数个人车主对二手车交易缺乏专业经验，以4S店、二手车经销商、拍卖公司为主的"C2B2B2C"[①] 模式未有太大改变，而且税负较重，过

---

① C端卖家卖车给经销商，经销商卖给其他经销商或拍卖市场、二手车超市，最终卖给另一个C端买家。

户成本较高，限制了二手车市场的发展。针对于此，阿里汽车推出"车码头"创新模式，构建基于库存车、平行进口车的特卖平台与渠道解决方案，将稀缺二手车型的全国长尾资源汇聚在线上，汇聚淘宝天猫的巨大客户流量，选荐全国最低价二手车，创新"单点卖全国、车码头提车服务"，线上买整车、汽配，线下自动对接用户家附近的4S店服务商，为广大用户购车、修车、改车配套高品质服务保障与承诺。"车码头"用电商服务的互联网方式重构"二手车市场"。

移动互联网创新是"软件吞噬世界"，依靠个体程序员的开发能力，而物联网创新则是"软件驱动，硬件入口"，不仅需要线上具有很强的云端研发能力、大数据分析能力，更需要线下硬件设计制造、供应链管控、售后服务能力，对于"势单力薄"的创业团队，应专注于自身最擅长的一个点持续创新突破，而将其他不擅长领域的工作"借力"服务型智能物联生态平台，解决"重新发明轮子"的资源浪费问题，集中最强资源突破一点，在最短时间内推出IoT产品抢占市场，阿里巴巴与数百家产业合作伙伴共同组建的"智能生活联盟"为IoT创新产品赋能。

物联未来

图 131　物联网发展趋势

资料来源：阿里研究院。

微软创始人比尔·盖茨指出："我们总是高估未来两年的变化，却低估未来十年的变化。"根据分析，以下趋势最有可能在未来十年实现。

（1）万物智能化存在：人、动物等生命体依靠可植入式芯片、互联网服务接入、人工智能，逐步实现"在线化""数字化""服务化""主动化"。电器、服饰等所有物体由智能芯片联网。联网变成所有商品的标准配置。生活工作数字化。每一个物联网设备都成为O2O服务入口，机器主动式服务替代人工被动订阅服务，人、物、环境之间的交互关系彻底改变。

（2）物联网基础设施："口袋式超级电脑"、无处不在的通信网、泛在计算力、几乎无限的存储空间让人们深度利用因特网的资源与服务，所有物联设备天然在云端产生，由云端数据、本地传感器、用户操作驱动，纯物体间网络流量将超过人类间通信流量，人工智能成为物联网基础设施的核心模块。

（3）泛在感知网：更小、更便宜、更智能的传感器，内置在家庭、衣服、首饰、城市、交通工具、能源网络、制造流程中，能够主动发现用户的潜在需求，在恰当时机提出候选服务，成为人机融合时代的"新感官"。

（4）自动化决策：全球在2010年进入"ZB时代"后，指数级数据化形成"奇点爆炸"，超越所有人类能够处理、认知、分析的极限，基于大数据的人工智能算法、机器人开始承担决策工作，并由软件定位、修正程序的故障问题。

（5）硬件共享：物联网构建起面向网络、基于平台的信用社交与共享经济模式，通过社会化自组织、分布式信用，创建更有效的新商业模式，使用权超过所有权，共享IoT资产，智能终端随处可见、随需而至。

（6）人机接口感官化：人机交互的界面会离感官更近。例如通过VR头盔实现人机在视觉、听觉、味觉、嗅觉、触觉的交互，每一个感官维度都将开辟一个新的细分产业。从进入"VR+行业"阶段开始，相对成熟的 VR 技术，与电商、旅游、体育、社交结合，形成全新的消费场景和商业形态，接近 Facebook CEO 扎克伯格（Mark Elliot Zuckerberg）所说的"下一个计算平台"；更进一步，VR 可以创造出逼真的"虚拟世界"，成为人们生活的一部分；最终，无数个虚拟世界相互打通，最大限度实现生活的虚拟化。随着 AI（人工智能）技术进步，"VR+AI"将创造出科幻级的虚拟世界，给予消费者想要的一切。

（7）物联网数据标准：物物之间的通信标准、数据标准逐步统一，像互联网、移动互联网一样，先行业、后全局，成为下一代全球产业标准。

（8）人工智能专业应用：人脑水平的综合人工智能短期内不会出现，解决专业领域问题的专业型机器人会逐步普及，像现在的手机一样，服务机器人成本不断降低，走入千家万户和每个企业。

世界经济论坛 [①]、阿里研究院、华泰证券研究所等智库的研究表明，凭借当前芯片、传感器、智能终端等科技领域的快速进步，未来 10~15 年充满"变化"：

2015 年：云芯片出现；可穿戴式设备爆发；智能家电繁荣。

---

① 《深度变革：技术引爆点和社会影响》研究报告，世界经济论坛，2015。

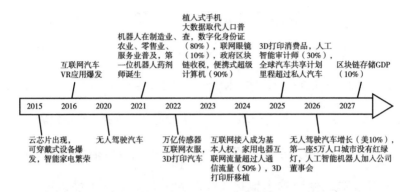

图132　未来十年科技发展预测

资料来源：世界经济论坛，阿里研究院。

2016年：第一辆互联网汽车诞生，全球VR应用爆发。

2020年：多款无人驾驶汽车上市；实际可用的"脑机接口"① 问世。

2021年：机器人普及应用于制造业、农业、零售业、服务业。

2022年：1万亿传感器连接到因特网，500亿设备联网，"数据珍珠港"事件出现②；"可穿戴互联网"时代到来，第一辆3D打印汽车下线。

2023年：第一款"可植入手机"商业化发布；互联网身份证普及；联网智能眼镜销售；全球人手一个口袋里的"超级电

---

①　人脑与电脑的操作接口。

②　黑客或恐怖分子让社会物联网基础设施瘫痪，食品、燃油、能源无法供给。

脑"（智能手机）；第一个用大数据资源代替人口普查的国家出现；政府开始利用区块链技术收税。

2024年：上网成为基本人权，计算力无处不在；"T2T"① 通信主导物联网，一半的家用互联网流量由智能家电产生；3D 打印人体器官。

2025年：3D 打印家用消费品；企业审计由 AI 自动执行；全球汽车共享计划里程超过私人汽车。

2026年：无人驾驶汽车逐步普及；全球出现第一个超过 5 万人口但没有红绿灯的城市；人工智能机器人加入公司董事会，承担战略决策。

2027年：利用区块链技术存储 GDP。

阿里巴巴为广大企业提供继水、电、土地以外的第四种不可或缺的商业基础设施资源，是由云计算、大数据、智慧城市、物联网、移动互联网（简称"云大智物移"）五种核心要素组成的 DT 创新平台，赋能先锋企业，加速前沿创新，降低创业成本，升维商业模式，以物联网为基础，云计算为公共服务，数据为资源，用新科技启动 DT 经济变革，用新商业创造划时代的 DT 新世界。

互联网 3.0，未来已至。

---

① Thing to Thing。

"预测未来最好的方法是创造它！"

——Alan Kay[1]

---

[1] 计算机大师 Alan Kay 提出："The best way to predict the future is to invent it." 他改变现代编程思想，是现代 PC 产业的缔造者。他发明了 Small talk 面向对象编程环境语言，并于 1968 年预测构想了现代笔记本电脑原型 "Dynabook"，并设计了 GUI 界面，启发业界后起之秀设计出 Mac、Windows GUI、Linux 的图像化操作界面。

参考文献

[1]   Jeremy Rifkin（美），《第三次工业革命》，中信出版社，2012。

[2]   IDC,《2020 年的数字宇宙》，2014。

[3]   Gartner,《2015 年十大 IT 战略趋势》，2015。

[4]   Gartner,《2015 年度新兴技术成熟度曲线报告》，2015。

[5]   麦肯锡全球研究院,《中国的数字化转型：互联网对生产力与增长的影响》，2014。

[6]   世界经济论坛,《Deep Shift Technology Tipping Points and Societal Impact》，2015。

[7]   美银美林,《机器人革命：全球顶尖机器人和人工智能盘点》，2015。

[8]   《经济学人》,《智能产品，精明厂商》,2015 年 12 月刊。

[9]   《经济学人》,《欢迎来到无人机时代》,2015 年 11 月刊。

[10]   《经济学人》,《人工智能：初级阶段》,2015 年 11 月刊。

[11]   《经济学人》,《教授医生大律师机器人》，2015 年 11

月刊。

[12] 《经济学人》，《虚拟个人助理：软件秘书》，2015 年
11 月刊。

[13] 《经济学人》，《未来的飞机：令人兴奋的电动飞行》，
2015 年 11 月刊。

[14] 《经济学人》，《车轮上的智能手机》，2015。

[15] 《经济学人》塞巴斯蒂安·特龙，《教育在明天》，2015
年 10 月刊。

[16] 《经济学人》，《虚拟现实和计算的未来：等待 iPhone
时刻》，2015 年 9 月刊。

[17] 华泰证券研究所，《2015 年物联网行业发展深度报告》，
2015。

[18] 华泰证券研究所，《路由器：智能家居的控制中心 & 家
庭数据处理中心》，2014。

[19] 华泰证券研究所，《从室内到"云"端》，2014。

[20] 华泰证券研究所，《智能硬件时代的"新常态"和"顺
风车"》，2014。

［21］ 华泰证券研究所,《虚拟现实 (VR)：一场必胜的持久战》, 2015。

［22］ 华泰证券研究所,《航空制造：下一个国家战略》, 2015。

［23］ 民生证券研究院,《谁来"智造"中国的 2025，机器人！》, 2015。

［24］ 艾瑞咨询,《中国汽车互联网服务前装市场行业研究报告》, 2015。

［25］ 易观智库,《中国智能家用医疗健康检测设备市场专题研究报告》, 2015。

［26］ 速途研究院,《2014 中国网络众筹分析报告》, 2014。

［27］ 国际电信联盟 (ITU),《ITU：全球网民达 32 亿人 移动宽带比例已超固网》, 新浪科技, 2015 年, http://tech.sina.com.cn/i/2015-12-01/doc-ifxmaznc5827470.shtml。

［28］ 中国自动化学会,《2015 年机器人产业发展报告》, 2015 年, http://finance.cenet.org.cn/show-1514-

67818-1.html。

[29] 《哈佛商业评论》,《揭秘未来竞争战略》(迈克尔·波特), 2015。

[30] Yole Development,《Yole: 2018 年全球 MEMS 市场超过 220 亿美元 》, 2013 年, http://www.mems.me/Overview_201311/876.html。

后　记

　　大风起兮云飞扬，智能物联风口在云端。人类的科技变革如大海一般，后浪推前浪，生生不息。没有云计算、大数据、移动物联网在近十年的全面普及，就没有物联网的"今天"与云脑的"明天"。提出通用计算、二进制的大师莱布尼茨（德）预见到几百年后的未来——"用计算代替思考"，正是云脑物联网的主旨。2016年新年伊始蓝色巨人IBM顺应大势推出"认知计算"，接替"智慧地球"成为下一代科技创新战略，物联网产业成熟时，"智商"各不相同的云脑正在"互联网社区"的"大数据学校"中日夜用功学习，IBM Watson、Google Now、Facebook M、Apple Siri、Microsoft Cortana、Amazon Echo、阿里巴巴个人助理＋、百度度秘这些"同班同学"，都在自己擅长的领域快速成长，希望能够以人类的方式认知、服务这个世界。

　　千百年来，人类始终梦想解构自己，破译完美的"上帝密码"，以人力而非神力"创世造人"，今日人类的科技梦想家正在动用有史以来最大规模的全球计算能力（云计算）学习最大规模的数据资源（大数据），利用现实与虚拟重塑混合世界，并尝试赋予万物"智慧"，这究竟意味着什么？两百万年前，人类学会使用工具而一跃成为万物之灵的智人，而在不远的未来奇点到来，人类彻底领悟"智慧的火种"如何传播时，将实现划时代的自我迭代，产生未知的新物种，而在其间的过渡阶段，正是云脑物联网的开拓期。

　　书稿完成之际，感觉像是一个懵懵懂懂的孩子掀开了未来世界的一角偷窥了一眼，就被如梦幻般的DT新世界震惊了，当然，未来的不确定性才是最美妙迷人、吸引无数天才忘我投入的根本动力。在此向本书研究团队的每一位未来探索者致敬！在研究过程中，我们获得了阿里巴巴集团副总裁兼阿里研究院院长高红冰、阿里研究院副院长宋斐、华泰证券研究部董事总经理兼TMT行业负责人王禹媚、阿里巴巴智能生活事业部总经理浅雪、阿里巴巴高德汽车应用事业部总经理韦东、阿里巴巴移动事业群市场部总经理王桂馨、阿里巴巴互联网汽车资深总监蔡明、阿里巴巴互联网汽车总监侯剑、阿里巴巴YunOS总监徐恒的指导、肯定与勉励；在全书撰写过程中，华泰证券研究所机械行业首席分析师章诚、华泰证券研究所家电行业首席分

析师张立聪、华泰证券研究所计算机行业首席分析师高宏博、

华泰证券研究所电子行业分析师蔡清源、阿里巴巴智能生活数

据分析专家朱卫明、阿里巴巴智能生活高级专家高征、阿里巴

巴智能生活产品经理周乐、阿里巴巴智能生活资深产品经理叶

灵、阿里巴巴智能生活产品专家李富强、阿里巴巴智能生活资

深产品经理许毅、阿里巴巴智能生活高级产品专家邢超、阿里

巴巴智能生活无线产品专家冯桦、阿里巴巴智能生活高级运营

专员许晋豪、阿里研究院数据分析师万红杰付出了很多时间和

心血，将产业最新思想与趋势融入关键章节，形成了数据研究

与行业实践并重的独特体系，也构成了阿里巴巴视角的第一本

物联网思考书籍；最后，还要感谢所有在调研中接受我们访谈

的物联网企业、研究学者、政府官员和各界朋友们，尤其是阿

里巴巴高德汽车应用事业部大客户中心总经理阿荣、阿里巴巴

YunOS 高级技术专家蔡艳明、阿里巴巴 YunOS 总监楚汝峰、阿

里巴巴智能生活运营专家陈曦、阿里巴巴智能生活高级产品专

家杜海涛、阿里巴巴互联网汽车高级产品专家范皓宇、华泰证

券研究所机械行业分析师金榜、阿里云高级专家姜至、阿里移

动事业群品牌推广部 PR 高级经理刘磊、华泰证券研究所计算机

行业分析师孙阳冉、阿里云业务架构师石锋、阿里巴巴 YunOS 高级专家王志刚、华泰证券研究所家电行业分析师徐叶、高德汽车应用资深市场专员徐驰、阿里巴巴高德软件副总裁周频、阿里上汽互联网汽车互动营销官赵雷、阿里云产品专家张宗锋、阿里巴巴智能生活高级技术专家朱亮亮，你们坦诚透彻的分享是我们所有观察的源泉！

田　丰　张　骉

2016 年 1 月 11 日夜

创作团队

主笔人

田　丰

阿里研究院高级专家

工信部人才交流中心工业和信息化特邀专家，阿里巴巴淘宝大学、京橙讲坛特邀讲师，中国互联网协会核心专家讲师，FutureS中国管理论坛特邀顾问，全球TOGAF认证企业架构师，英国OGC认证ITIL Expert，ISO20000主任审核师，ISO27001主任审核师，美国MBA。

长期专注于云计算、物联网、大数据、智慧城市、移动互联网等领域研究，参与政府、世界500强企业十一五规划、十二五规划、十三五规划，参与可信云标准制定。

曾供职于IBM全球服务部企业架构咨询团队、HP IT战略咨询部，带领团队成功完成十几家世界500强集团IT战略规划、企业架构设计、数据中心改造、容灾体系建设、IT组织转型、IT服务流程设计等咨询与集团信息化项目。

与人合著三本畅销书《互联网＋：从 IT 到 DT》《互联网＋：未来空间无限》《大数据领导干部读本》，主写并发布多份互联网前沿领域研究报告《2015-2016 中国云栖创新报告》《云计算：DT 中国发展之基》《"移动互联网＋"中国双创生态研究报告》《中国 DT 城市智能服务指数研究报告》《从 IT 到 DT：DT 时代的商业变革与治理创新报告》《云计算产业及其经济社会价值研究报告》《未来 5 年互联网创新十大展望》《"阿里百川"无线创业最佳实践研究报告》《五维政府：大数据时代的政府治理创新》《泛在服务，平台创新》。

张　騄

华泰证券电子行业首席分析师

2007~2010 年 南京大学电子系硕士，2010~2015 年 申银万国电子行业首席分析师。2012 年《新财富》最佳卖方分析师电子行业第四名，2012 年《证券市场周刊》水晶球最佳分析师电子行业第四名，2012 年《中国证券报》金牛分析师 TMT 行业第二名，2013 年《中国证券报》金牛分析师电子行业第三名。

指导委员会

高红冰　阿里巴巴集团副总裁，阿里研究院院长

宋　斐　阿里研究院副院长

王禹媚　华泰证券研究所董事总经理

浅　雪　阿里巴巴智能生活事业部总经理

韦　东　阿里巴巴高德汽车应用事业部总经理

王桂馨　阿里巴巴移动事业群市场部总经理

蔡　明　阿里巴巴互联网汽车资深总监

侯　剑　阿里巴巴互联网汽车总监

徐　恒　阿里巴巴 YunOS 总监

编委会

章 诚 华泰证券研究所机械行业首席分析师

张立聪 华泰证券研究所家电行业首席分析师

高宏博 华泰证券研究所计算机行业首席分析师

蔡清源 华泰证券研究所电子行业分析师

朱卫明 阿里巴巴智能生活数据分析专家

高 征 阿里巴巴智能生活高级专家

周 乐 阿里巴巴智能生活产品经理

叶 灵 阿里巴巴智能生活资深产品经理

李富强 阿里巴巴智能生活产品专家

许 毅 阿里巴巴智能生活资深产品经理

邢 超 阿里巴巴智能生活高级产品专家

冯 桦 阿里巴巴智能生活无线产品专家

许晋豪 阿里巴巴智能生活高级运营专员

万红杰 阿里研究院数据分析师

学术运营

吴 坤 刘 昶 赵保英

致谢（按照姓名首字母排列）

阿　荣　阿里巴巴高德汽车应用事业部大客户中心总经理

蔡艳明　阿里巴巴 YunOS 高级技术专家

楚汝峰　阿里巴巴 YunOS 总监

陈　曦　阿里巴巴智能生活运营专家

杜海涛　阿里巴巴智能生活高级产品专家

范皓宇　阿里巴巴互联网汽车高级产品专家

金　榜　华泰证券研究所机械行业分析师

姜　至　阿里云高级专家

刘　磊　阿里移动事业群品牌推广部 PR 高级经理

孙阳冉　华泰证券研究所计算机行业分析师

石　锋　阿里云业务架构师

王志刚　阿里巴巴 YunOS 高级专家

徐　叶　华泰证券研究所家电行业分析师

徐　驰　高德汽车应用资深市场专员

周　频　阿里巴巴高德软件副总裁

赵　雷　阿里上汽互联网汽车互动营销官

张宗锋　阿里云产品专家

朱亮亮　阿里巴巴智能生活高级技术专家

阿里研究院

工业文明与信息文明快速交替，全球化浪潮与本地化回声相互交织。21 世纪的第一个 10 年之后，人类正在由 IT 时代快速切换到 DT 时代。新技术所驱动的大规模商业创新，以及商业创新所引致的治理创新、制度创新，在全球范围内都展示出了前所未有、广阔无边的巨大可能。DT 时代，就在前方，就在脚下。

这也是新经济与新治理研究者的黄金年代。近年来，基于互联网的价值导向，运用互联网化的新方法、新工具，研究互联网、大数据给社会经济带来的新现象、新规则，已经在学界得到了越来越多的探索和实践。越来越多的学者、智库，通过与网商、服务商、平台、用户等之间的大规模社会化协作，正在创新性地研究这个时代、全球、国家、产业、企业和个人所面临的大变迁。

成立于 2007 年 4 月的阿里研究院，正是这一进程的参与者和推动者。

● 定位：DT 时代的智库平台

我们依托并深深扎根于全球最大、最具活力的在线商业

生态系统——由电子商务、互联网金融、智能物流、云

计算与大数据等构成的阿里巴巴商业生态圈。

我们秉承开放、分享、透明的互联网精神，基于前瞻的

理念与洞察，强大的数据驱动力，丰富的案例积累，致

力于成为新经济、新治理领域的智库与智库平台，包

括：数据开放平台、专家网络与智库平台。

● 研究范围：新经济、新治理

未来研究：如信息经济、新商业文明、DT 范式研究；

微观层面：模式创新研究，如 C2B 商业模式、未来组

织模式；

中观层面：产业互联网化研究，如电商物流、农村

电商；

宏观层面：如互联网对消费、投资、进出口、就业的影

响等；

治理研究：互联网治理、网规、电商立法等。

● 研究成果

《信息经济前景系列报告》

《互联网＋：从 IT 到 DT》

《云计算开启信息经济 2.0》

《互联网时代的全球贸易新机遇——普惠贸易趋势》

《"移动互联网＋"中国双创生态研究报告》

《中国 DT 城市智能服务指数研究报告》

《中国淘宝村研究系列报告》

αSPI：阿里巴巴网购价格系列指数

αEDI：阿里巴巴电子商务发展指数

阿里经济云图

……

● 研究活动

活水计划：面向青年研究者的开放研究计划，已举办五届

全球新经济智库大会：智库研讨新经济、新治理的平台

中国县域电商峰会：全国县市长参会交流县域电商发展
经验

中国淘宝村高峰论坛：淘宝村的嘉年华、淘宝村年度名
单发布平台

中国电子商务园区高峰论坛：电商园区的交流盛会

● 组织架构

> 整体架构：大平台 + 小前端

　　大平台：数据平台、智库平台

　　小前端：多个研究小组

> 两个研究中心

　　ADEC——阿里数据经济研究中心

　　ACERC——阿里跨境电商研究中心

> 强大顾问团队与学术委员会

　　阿里研究院聘有多位一流专家作为顾问，同时设有学术
委员会、研讨重要学术议题

> 社会化、无边界的研究社群

　　阿里研究院发起、参与了多个社会化的研究社群，如：
信息社会50人论坛、微金融50人论坛、网规研究中
心等。

　　为新经济、新治理的发展鼓与呼，是大时代给研究者带来
的历史机遇，更是时代赋予研究者的责任。阿里研究院将携手
新经济与新治理领域的研究者、智库机构，共创、共建、共享
关于未来的新理念、新洞见与新规则。

阿里"橙皮书"

——在复杂的世界里，一个就够了

DT 时代， 阿里研究院以数据驱动作为认识世界、研究问题的动力和方向，扎根于阿里商业生态系统，开展面向新经济、新治理的宏观、中观、微观、未来和治理的研究，洞察数据，共创新知。

"橙皮书" 是阿里研究院及其研究伙伴呈现给世界的一点思考、一点观察，是关于新经济、新治理系列研究报告的品牌合称，其中的各种分析、评语、预测和观点，坚持以真实数据和案例为基础，用信息经济和互联网思维，研究关于未来的新理念、新洞见与新规则。

第一本 "橙皮书"——《电商赋能 弱鸟高飞：电商消贫报告（2015）》已由社会科学文献出版社出版，双方还将陆续在信息经济、消费趋势、DT 时代以及创新创业等领域开展一系列合作。

　　没有谁是这个大时代转变的看客或观众。今天的你我，就是这个大时代创新与转变的主角。愿通过"橙皮书"这个平台与所有关注新经济、新治理问题的朋友们携手前行，迈进未来。

DT 时代，未来，已来

电商立法等　网规　互联网治理　创新创业　EWTO　农村电商　电商物流　产业互联网化　未来组织模式　C2B 商业模式　DT 范式研究　新商业文明　信息经济

图书在版编目(CIP)数据

互联网3.0：云脑物联网创造DT新世界 / 田丰等著. —北京：社会科学文献出版社，2016.2
ISBN 978-7-5097-8615-4

Ⅰ.①互… Ⅱ.①田… Ⅲ.①互联网络－应用 ②智能技术－应用 Ⅳ.①TP393.4②TP18

中国版本图书馆CIP数据核字（2015）第304444号

互联网3.0：云脑物联网创造DT新世界

著　　者 / 田　丰　张　骥　等

出 版 人 / 谢寿光
项目统筹 / 恽　薇　王婧怡
责任编辑 / 王婧怡　许秀江

出　　版 / 社会科学文献出版社·经济与管理出版分社（010）59367226
地址：北京市北三环中路甲29号院华龙大厦　邮编：100029
网址：www.ssap.com.cn
发　　行 / 市场营销中心（010）59367081　59367018
印　　装 / 三河市东方印刷有限公司

规　　格 / 开　本：880mm×1230mm 1/32
印　张：8.75　字　数：141千字
版　　次 / 2016年2月第1版　2016年2月第1次印刷
书　　号 / ISBN 978-7-5097-8615-4
定　　价 / 49.00元

本书如有印装质量问题，请与读者服务中心（010-59367028）联系

AliResearch

阿里研究院

微信二维码　　　微博二维码

微信账号：aliresearch
新浪微博：阿里研究院

洞察数据　共创新知
www.aliresearch.com